虚拟现实设计

——IdeaVR基础教程

上海交通大學出版社
SHANGHAI JIAO TONG UNIVERSITY PRESS

内容提要

本书共分为 14 章，主要是 VR 基础知识、主流 VR 软件和相关硬件介绍；IdeaVR 各个分项的命令和功能介绍，包括场景物体创建、材质模块、环境灯光、动画编辑器模块、粒子特效模块、交互编辑器模块等。

本书是面向 VR 初学者的普及性图书，适合高等院校师生和 VR 爱好者及从业者阅读使用。

图书在版编目(CIP)数据

虚拟现实设计：IdeaVR 基础教程 / 刘大鹏，师婵媛主编．-- 上海：上海交通大学出版社，2024.7

ISBN 978-7-313-30065-2

Ⅰ．①虚… Ⅱ．①刘… ②师… Ⅲ．①虚拟现实 Ⅳ．① TP391.98

中国国家版本馆 CIP 数据核字（2023）第 257474 号

虚拟现实设计——IdeaVR 基础教程

XUNI XIANSHI SHEJI——IdeaVR JICHU JIAOCHENG

主　　编：刘大鹏　师婵媛
出版发行：上海交通大学出版社
邮政编码：200030
印　　制：上海景条印刷有限公司
开　　本：787mm × 1092mm 1/16
字　　数：228 千字
版　　次：2024 年 7 月第 1 版
书　　号：ISBN 978-7-313-30065-2
定　　价：98.00 元

地　　址：上海市番禺路 951 号
电　　话：021-64071208
经　　销：全国新华书店
印　　张：11.5
印　　次：2024 年 7 月第 1 次印刷

编 委 会

主　　编　刘大鹏　师婵媛

编委人员（按姓氏拼音顺序排序）

柴　旭　侯耀华　侯钰钰　贾　青　江海洋

马文豪　茅昊楠　石小恋　文海盛　谢　卿

杨　冰　杨晓松　张建国　周　烽　周清会

前　言

“想象力比知识更重要，因为知识是有限的，而想象力概括着世界上的一切，推动着进步，并且是知识进化的源泉。”伟大的科学家爱因斯坦在《论科学》一文中用这则名言揭示了想象力与知识进步的关系，虚拟现实（virtual reality，简称 VR）就是人类想象的产物。当时间进入到 2020 年代，随着 5G 的普及和计算机图形科学技术的迅猛发展，以及受到流行文化和软硬件更新换代的影响，人类进入了“元宇宙”时代。在这个背景下，各种概念和 IP 层出不穷，脸书（Facebook）改名为元宇宙（Meta），全力打造元宇宙平台 Metaverse；英伟达发布了 Omniverse 元宇宙制作工具；虚拟人登上舞台；等等。新技术强烈冲击传统的娱乐观念和 VR 制作流程。这样的变化给 VR 虚拟现实带来了极大的发展空间。

2016 年被视为 VR 元年，这一年各大厂商陆续推出 VR 相关硬件和软件，比如 HTC Vive 和 Oculus 的头盔和相关操作手柄硬件、Unity 和 Unreal 相关的 VR 软件插件。除了国外软件迅猛发展，国产 VR 软件也异军突起。自 2020 年以来上海工艺美术职业学院数字媒体专业与上海曼恒数字技术股份有限公司（简称曼恒）密切合作，合作内容包括组织学生每年参加曼恒公司组织的 IdeaVR 国赛，在 2020 年和 2021 年的国赛上，学院学生分别获得第三名和第二名的好成绩。另外我们还带领学生去曼恒总部参加相关专业培训，以达到实现专业知识共享以及师生与行业专家深层互动的教学效果。这种合作使学生能够更好地了解实际工作环境和行业需求。由于学院学生基本每年都会参加曼恒组织的 IdeaVR 国赛，所以实训课程内容的设置上要实时保持更新，以反映产业和技术发展的最新趋势，确保学生毕业时具备最新的技能和知识。学生参与实际项目和实习是产教融合模式的重要组成部分。我们工作室组织学生结合一些 VR 项目的需要，用 IdeaVR 开发一些 VR 应用，包括为玉雕专业开发的一套 VR 玉雕展示系统、嘉定古塔 VR 景观设计展示系统，以及虚拟展馆展示系统等。其中 VR 玉雕展示系统获得了一致的好评，嘉定古塔 VR 景观设计展示系统在“全国高校数字艺术设计大赛暨国际艺术设计作品展”获得三等奖。这些经历使学生能够将他们在课堂上学到的知识应用于实际工作中。

上海工艺美术职业学院被评为上海市唯一的中国特色高水平高职学校，新的课程建设任务也给 VR 的教学带来了挑战和契机。为了适应学校的发展和现实中的 VR 国赛任务，我们急需一本可以指导工作室学生学习的 IdeaVR 引擎教材。本书由上海工艺美术职业学院资助出版。通过本书的学习，学生可以在 96 个课时内系统性地学习 IdeaVR 软件基础知识，并能制作 VR 相关内容，为课题研究和参加 VR 比赛打下良好的基础。本书紧紧围绕 IdeaVR 这款软件展开，着重介绍 VR 行业大背景以及主要的软硬件，另外花了较大篇幅介绍软件的基本功能和用法，期望学生能够快速掌握 IdeaVR 引擎的使用方法。

在写作分工方面，我主要负责内容的整理和写作，师婵媛负责细节的校订和技术上的把关。在编写过程中，遇到了很多的困难，曼恒的师婵媛老师在这方面给了我很大的支持和帮助，她不厌其烦地帮我解决了许多技术上的难点，协助我进行书稿的细节校订和技术把关。另外在软件使用方面，周旭东经理帮我积极申请软件使用权限，让我能够在长达一年多的过程中比较顺畅地完成编写任务。在此一并表示衷心的感谢！另外这本书也是我从教以来写的第一本书，它的成功也离不开家庭成员的支持，是他们的付出成就了此书，在此感谢我的爱人和可爱的女儿！

刘大鹏
2023.10

目　录

CONTENTS

CONTENTS

CONTENTS

第一章
虚拟现实技术的基础知识

虚拟现实技术是一种可以创建和体验虚拟世界的计算机仿真系统，它利用计算机生成的三维模拟环境，使用户沉浸在环境中，适时地对虚拟环境进行各种角度的观察，并能够与场景中的元素进行交互。该技术集成了计算图形、计算机仿真、人工智能、感应、显示及网络并行处理等技术的最新发展成果，是一种由计算机技术辅助生成的高技术模拟系统。

第一节　虚拟现实技术发展的历史

虚拟现实技术发展的历史可以追溯到 20 世纪 50 年代，概念来自斯坦利 · G. 温鲍姆（Stanley G. Weinbaum）的科幻小说《皮格马利翁的眼镜》（*Pygma-lion's Spectacles*）。这部小说被认为是探讨虚拟现实技术的第一部科幻作品，简短的故事中详细地描述了包括以嗅觉、触觉和全息护目镜为基础的虚拟现实系统。1962 年，美国电影放映员莫尔顿 · 海利（Morton Heilig）发明了一个可以模拟视觉和听觉等感觉的装置，将其命名为 Sensorama。这是一个一人高的机械装置，使用者需要坐在座位上，将头伸入一个类似于早期照相机的幕布中。在里面，使用者可以从三面环绕的屏幕上看到事先准备好的短片，如图 1–1 所示。

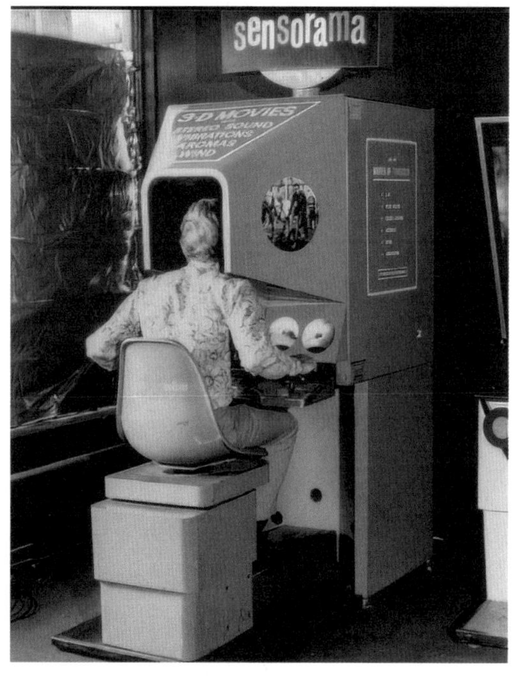

图 1–1　Sensorama[①]

1968 年，伊凡 · 苏泽兰（Ivan Sutherland）开发了首款计算机驱动的头戴式显示器，以及响应头部位置的位置追踪系统，它被公认为是第一款真正意义上的虚拟现实设备，如图 1–2 所示。因为技术限制，这款 VR 头盔的体积相当庞大，也非常笨重，因此需要从天花板上引下一根支撑杆来将其固定住，所

① 邵伟：《Unity2017 虚拟现实开发标准教程》，人民邮电出版社，2019，第 2 页。

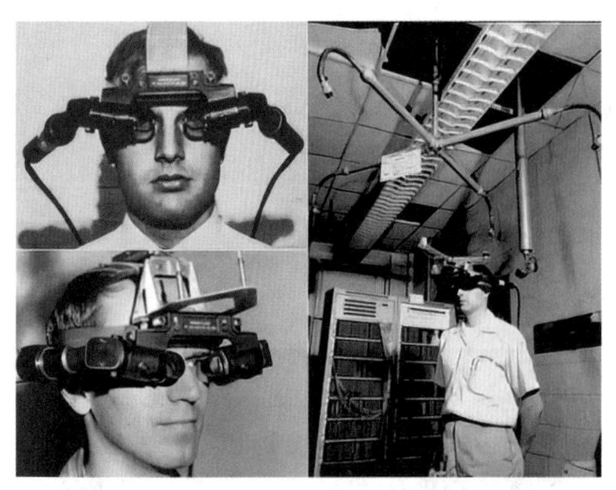

图 1-2 首款计算机驱动的头戴式显示器[①]

以它也被戏称为“达摩克利斯之剑”。

1989 年，杰伦·拉尼尔（Jaron Lanier）首次从技术角度提出了虚拟现实的概念，虚拟现实因此广为人知，媒体开始了对它的报道，人们也逐渐意识到它的潜力。杰伦·拉尼尔被认为是“虚拟现实之父”。

20 世纪 90 年代，消费级别的 VR 设备开始出现，其中包括首款消费级 VR：Virtuality 1000cs 和首款头戴式 VR 设备：Sega VR。

在虚拟现实技术早期发展阶段，设备笨重复杂且价格昂贵，因此仅用于相关的技术研究领域，并没有形成能真正交付到消费者手上的产品。

第二节 虚拟现实技术发展的现状

2012 年，Oculus rift 项目登录 Kickstarter 众筹网站，筹资 250 万美元。2014 年 3 月，脸书以 20 亿美元收购 Oculus。随着技术的不断成熟，VR 商业化进程在全球范围内得到加速发展。2015 年 3 月，在巴塞罗那世界移动通信大会举行期间，宏达国际电子股份有限公司（简称 HTC）与维尔福软件公司（简称 Valve）合作推出了 HTC Vive，并在 2016 年 2 月 29 日面向全球 24 个国家和地区销售消费者版。

自 2015 年以来，各大公司纷纷在 VR 行业布局，脸书、HTC、谷歌、苹果、亚马逊、微软、索尼和三星等公司纷纷成立了 VR/AR 部门，并发布了相对成熟的消费级 VR 设备。其中，主机 VR 市场以 HTC Vive、Oculus rift 为代表，移动 VR 市场以三星推出的 Gear VR、谷歌推出的 Daydream 为代表。据统计，到 2016 年，已经有 200 多家公司在开发 VR 相关产品，VR 作为一个计算平台，逐渐渗透到各个行业，切实解决了相关行业存在的问题。VR 技术在游戏娱乐、房产家装、广告营销、建筑设计、机械工程、安全消防、医疗康复、教育培训等领域均有非常广泛的应用场景。同时，资本也加速进入 VR 领域，使得整个行业进入加速发展时期。

但是要看到，目前 VR 行业尚处于发展的初期，相对于比较成熟的移动互联网行业，生态系统还亟待完善和发展。当前影响 VR 行业发展的因素主要表现在以下三个方面。

（1）价格因素。由于成本较高，当前面向终端消费者的 VR 硬件价格也普遍较高。为了提供高品质的 VR 表现，在产品设置上消费者除了购买硬件本身以外，还需要购买一台性能较高的计算机；基于智能手机的移动 VR 方案也需要相对高端的手机支持才能

① 邵伟：《Unity2017 虚拟现实开发标准教程》，人民邮电出版社，2019，第 2 页。

获得比较高品质的 VR 体验。加之 VR 内容比较匮乏，当前 VR 硬件价格与消费者需求并不十分匹配。

（2）移动性和便携性。当前能够提供高品质 VR 内容体验的 VR 设备多集中在主机 VR 方案，它们都拥有高分辨率和高刷新率的屏幕，这就需要巨大而稳定的数据吞吐量，所以这些高端头戴式显示设备（头显）多有线缆连接，虽然有精确的定位系统，使得体验者能够在一定范围内移动，但是设备的连接方式和位置追踪的技术方案都决定了体验者只能在有限的范围内移动。移动 VR 方案虽然能够提供一定的便携性，但是算力有限，不能提供理想的内容品质。

（3）内容。鉴于当前 VR 硬件市场存量较小，并且学习 VR 技术有一定门槛，VR 开发者相比于其他 IT 行业技术人员，数量较少。VR 内容从策划到发布之间的周期较长，而从其他平台移植内容也不是简单地切换导出平台即可，需要根据 VR 平台的交互特性重新设计内容。

第三节　虚拟现实技术的未来

图 1–3 为 Unity 首席执行官约翰·里奇蒂洛（John Riccitiello）在 Vision VR /AR 亚洲峰会 2017（Vision VR /AR Summit Asia 2017）的 Keynote 主题演讲环节分享的 VR 发展预测，其中黄色直线为大众及市场分析预期的 VR 技术市场发展进度，白色曲线为实际 VR 技术市场发展趋势，从图 1–3 中可以看到，初期 VR 技术发展普遍低于预期，但是在后期会超出市场预期，同时我们也看到，VR 技术在发展初期接近于线性增长，而在后期会呈现指数型增长。VR 将成为一个巨大的全球性市场。

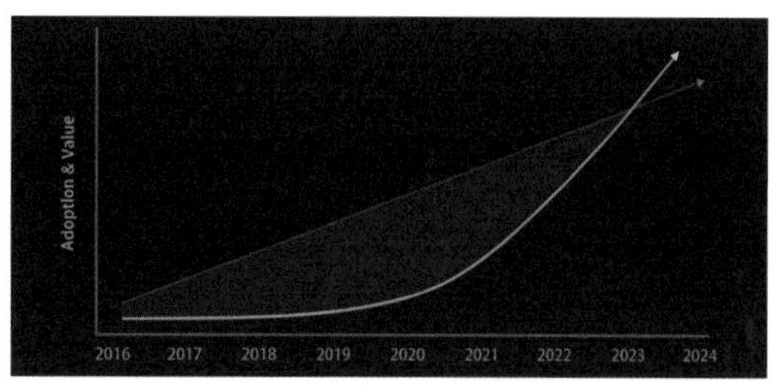

图 1–3　VR 行业未来发展预测①

尽管面临诸多挑战，但我们能够看到，各大巨头纷纷参与到 VR 行业中来，随着产业链的逐渐成熟，VR 面临的问题终究会得到解决。首先，VR 硬件符合摩尔定律，未来硬件规格会越来越高，逐渐达到理想的标准，价格也会随之趋向合理；其次，随着 5G 技术、人工智能技术的成熟，云端实时渲染 VR 内容将成为可能。硬件方面，设备逐渐趋向于移动化，我们看到 VR 一体机正在逐渐崛起，此类设备不依赖 PC 机或手机而拥有独立的计算单元，通过计算机视觉技术实现自身定位。相较主机 VR，VR 一体机拥有良好的移动性；相较智能手机 VR，它可以呈现更好的内容品质。内容层面，随着 Unity 等内容制作引擎的迭代，VR 内容制作者会越来越方便地制作出高品质的 VR 内容，更多的从业者会加入进来，更多的优质内容也会随之产生。总之，VR 技术正处于发展的初期，VR 行业最终会迎来繁荣，

① 邵伟:《Unity2017 虚拟现实开发标准教程》，人民邮电出版社，2019，第 4 页。

现在正是为未来发展做好充足技术积累的最好时期。

第四节 虚拟现实技术的基础知识

一、虚拟现实技术原理

虚拟现实技术通过计算单元（计算机、手机等）塑造一个三维环境，呈现在两块屏幕上，屏幕一般由头显承载，用户通过焦距透镜观看内容，达到沉浸式的 VR 体验。

二、虚拟现实技术常见术语

1. 延时和帧率

延时越低，用户体验的流畅度越高。需要注意的是，虽然硬件表明了其设备的刷新率，但是整个 VR 体验的流畅度还要由软件决定，不同的代码优化程度、场景内容的多少，都决定了最终应用程序的帧率。所以在 VR 内容制作过程中，总是要本着性能优化的原则进行。

2. 6Dof 和 3Dof

Dof（degrees of freedom）是指物体在三维空间中的运动自由度，主要分为两种类型：旋转的自由度和移动的自由度。在 VR 情境下，自由度体现在设备的移动和旋转信息方面。追踪技术不同，设备所能提供的自由度也不同。3Dof 的 VR 设备仅能提供 3 个轴向（x、y、z）上的旋转信息，6Dof 的 VR 设备除能提供 3 个轴向上的旋转信息外，还能提供 3 个轴向上的位置信息。Oculus、HTC VIVE 的头显和手柄控制器均为 6Dof 设备，而 Cardboard、GearVR、Oculus Go 的头显和手柄为 3Dof 设备，体验者可以自由观看 360°空间展示的内容，而当设备位置移动时，VR 内容并不会响应其移动。

3. outside-in 和 inside-out

对于 6Dof 的运动追踪技术，目前存在两种实现方案，分别是由外而内（outside-in）的位置追踪、由内而外（inside-out）的位置追踪。对于前者，一般使用固定的基站（如 HTC Vive 的 Lighthouse）对追踪范围内的设备进行定位。这种方式的优势是定位精确，定位延时低；其劣势是受限于追踪空间，用户只能在有限的范围内移动。同时，对于存在多台设备的情况，容易造成追踪信号干扰。对于后者，一般使用头显前置的一个或多个摄像头，通过计算机图形学算法，如即时定位与地图构建（SLAM）技术，结合头显内部的惯性测量单元（IMU）实现用户的位置追踪。这种方式的优势是不受空间约束，体验者可以在更大范围内移动，多台设备亦能顺畅追踪，不受干扰；其劣势是图形计算受环境光线和环境内容影响较大，在某些情况下会定位不精确，视野出现“漂移”的情况，对于超出摄像机视野的手柄，会出现“冻结”现象，只有待重新进入摄像机视野后才会正常跟踪。

4. 惯性测量单元（IMU）

惯性测量单元一般包括陀螺仪、加速度计、磁力计等一系列传感器，用来测量被跟踪设备在三个维度（x、y、z）上的旋转、速度等指标，以此计算物体在三维空间中的姿态，是实现 VR 体验的关键部件。惯性测量单元将测量数据反馈给计算单元，计算单元根据这些数据将相应的画面内容呈现在头显的屏幕上。

三、体验虚拟现实技术过程中遇到的挑战

1. 晕动症

基于人体的生理结构，眼睛负责接收环境信息，将其反馈给负责感受运动的前庭系统，当人眼看到的运动过程与前庭系统感受的不一致时，体验者就会感到不适，即会产生晕动症，类似于晕车晕船的体验。这种情况在快速运动的 VR 场景中容易出现，尤其是在快速上升或下降的时候。

除此之外，在应用程序层面，这主要受屏幕刷新率的影响，帧率越低的 VR 内容，越容易引起晕动症，所以在不改变硬件条件的情况下，尽可能地优化应用程序性能，以达到比较理想的帧率。

2. 纱窗效应

当前主流的 VR 头显的屏幕分辨率一般在 2K，少数能够达到 4K 及以上，要达到视网膜级别的分辨率，需要至少 8K 分辨率的屏幕。分辨率越高，显卡数据吞吐量也越高。图 1-4 所示为因分辨率不足造成人眼可以明显觉察出的纱窗效应。

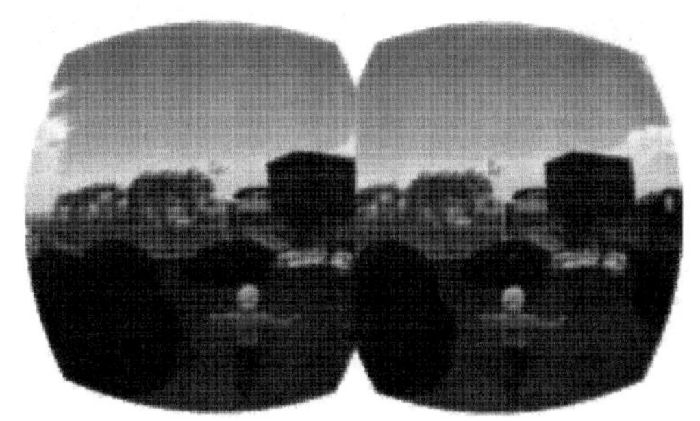

图 1-4　纱窗效应[①]

3. 安全性

在 VR 体验过程中，体验者完全沉浸在虚拟环境中，对于现实环境缺乏足够的视觉感知，体验区域内的障碍物容易阻碍体验者的移动，激烈的动作如躲闪、跳跃等更增加了受伤的概率。多数 VR 硬件设备都配有手柄控制器，在一些需要频繁交互的 VR 环境中，运动幅度较大或移动速度过快时，体验者还容易误伤他人，损坏设备。所以在体验之前，务必将手柄上的腕带佩戴至手腕，以防设备脱落；保证周围环境空旷且无阻挡；体验时尽量保持坐姿；必要时需要有专人辅助体验，以保障安全；在公共场合如地铁、广场等处，尽量不要使用 VR 设备。

四、虚拟现实与增强现实的区别

增强现实（augmented reality，简称 AR）是将虚拟事物叠加到现实世界显示的技术，虚拟内容与现实环境能够产生交互；而在虚拟现实中，体验者则完全沉浸在数字化的虚拟环境中。目前多数 AR 内容的承载设备是智能手机和头戴式眼镜，头戴式 AR 设备中比较有代表性的是 Microsoft HoloLens、Meta。开发 AR 应用程序的工具主要有 iOS ARKit、Google AR Core、Vuforia 等。图 1-5 所示是使用 Vuforia 开发的 AR 应用。

---

① 《苹果 AR 眼镜密器疑曝光！索尼 VR 头显双眼 8K 超高清，元宇宙伴侣震撼出场》，http://news.sohu.com/a/506447800_121266707，访问日期：2022 年 6 月 3 日。

图 1-5　使用 Vuforia 开发的 AR 应用[①]

第五节　主流 VR 方案、设备介绍

当前 VR 硬件按照计算单元的组成主要分为三种方案：主机 VR、智能手机 VR、一体机 VR。其中智能手机 VR 和一体机 VR 一般被认为是移动 VR 主机，VR 方案凭借计算机强大的计算能力，尤其是显卡的渲染能力，可以为体验者提供高品质低延时的 VR 内容；移动 VR 方案则拥有更好的移动性和便携性，使大众能够随时随地体验 VR 内容。

一、主机 VR 方案

该类方案以 Oculus Rift、HTC Vive、PS VR、Windows MR 为代表，主机 VR 设备由计算机或游戏主机提供计算内容，包括场景渲染、环境音频、反馈数据等，头戴设备具有高分辨率低延时的显示屏为用户呈现内容。目前主机 VR 方案都能对用户设备——头显（HMD）和手柄进行位置及旋转方向的跟踪，即 6 自由度的跟踪。用户佩戴设备在可追踪范围内移动，同时使用手柄控制器与 VR 内容实现交互，如选择、抓取、投掷等，计算机通过传感器的反馈信息，呈现相应的内容。

二、智能手机 VR 方案

该类方案一般使用智能手机提供计算能力和呈现内容。其原理是，由手机呈现同一场景的左右两个视图，通过一定的画面畸变提供沉浸式的视场角，手机内置的惯性测量单元（IMU）跟踪用户头部旋转，用户通过头显内部的焦距透镜观看 VR 内容。在智能手机 VR 方案中 VR 内容的品质完全由智能手机决定，但目前市场上的智能手机规格良莠不齐，多数不能给用户带来良好的 VR 体验。所以体验较好的产品一般都要求搭载的智能手机具备高规格的硬件标准，如三星的 Gear VR 和谷歌的 Daydream 等。

三、一体机 VR 方案

该类方案以 HTC Vive Focus、Oculus Go 为代表，计算单元完全内置于头显，同时配有高分辨率低延时显示屏，多数设备亦配有手柄控制器。其优势是便携的一体化移动体验，不依赖任何外部主机或智能手机提供内容。相对于智能手机 VR 方案，还可以通过前置摄像头实现由内而外的位置追踪，如谷歌（Daydream 一体机和 HTC Vive Focus）。目前市场上成熟的一体机产品还相对较少，但是设备未来的发展趋势将是小型化、移动化。行业领先的 VR 厂商在 2017 年至今都先后发布了自己的一体机产品，所以依旧能够看到其未来的发展潜力。

① 《AR/VR/MR App 开发 -AR SDK Vuforia SDK 7 新功能 -Ground Plane》，https://www.163.com/dy/article/EDDF8MLB05441GT3.html，访问日期：2022 年 6 月 3 日。

四、HTC Vive

HTC Vive 是 HTC 与 Valve 联合推出的虚拟现实产品，发布于 2015 年 3 月巴塞罗那世界移动通信大会举行期间，如图 1–6 所示。该设备屏幕双眼分辨率为 2 160 像素 ×1 200 像素，刷新率为 90Hz，可视角度为 110°，使用 Steam VR 虚拟现实软件方案，由两个 Lighthouse 基站构建出一个虚拟的三维空间，实现由外而内的位置追踪，属于主机 VR 解决方案。

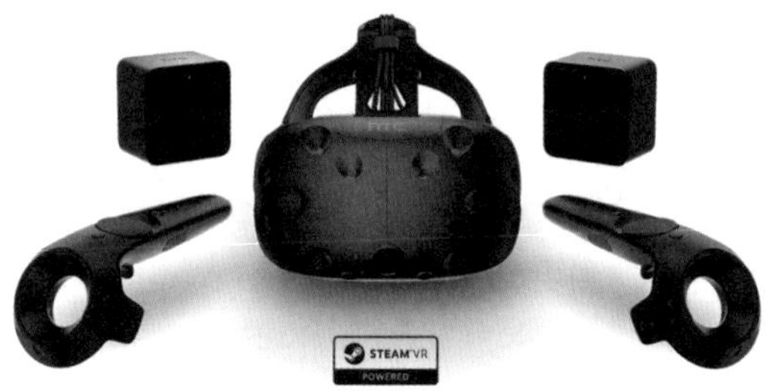

图 1–6　HTC Vive[①]

2018 年 1 月，HTC 在美国消费电子展上发布了升级版的 Vive Pro 专业版，设备拥有更轻便的外观设计，更高的屏幕分辨率，双眼分辨率达到 3K（2 880 像素 ×1 600 像素）。开发者可以使用 Steam VR SDK 进行内容开发，并发布到 Steam 应用商店。同时，HTC 拥有自己的 VR 内容应用商店——Viveport，开发者也可以将应用程序发布到 Viveport 上获利。

五、Oculus Rift

Oculus Rift 是脸书在收购 Oculus 公司以后推出的消费级虚拟现实产品，发布于 2015 年 6 月 13 日，在 2016 年 3 月 29 日正式上市销售。该产品双眼分辨率为 1 600 像素 ×1 200 像素，刷新率为 90Hz，可视角度 110°，如图 1–7 所示。Rift 可使用多个 LED 红外光传感器实现有限范围内的位置追踪，用户可以使用包装内附带的 XBox 手柄在 VR 环境中交互，也可以另外购买 Oculus Touch。

与 HTC Vive 一样，开发者可以在 Steam 应用商店发布基于 Oculus Rift 的虚拟现实内容，同时也可以将其发布到 Oculus 自己的应用商店——Oculus Store。

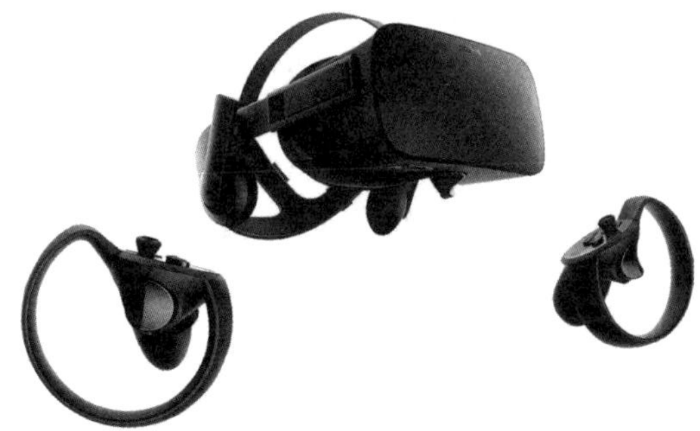
图 1–7　Oculus Rift[②]

六、PS VR

PlayStation VR（简称 PS VR）定位于游戏市场，是索尼公司基于 Play Station 游戏主机开发的虚拟现实设备，双眼分辨率为 1 920 像素 ×1 080 像素，刷新率为 120Hz，可视角度为 100°，如图 1–8 所示。作为一款主机的外设，产品包装内并没有包含交互手柄，用户可以使用主机游戏手柄进行游戏交互，也可以另购体感手柄（Move）提升游戏体验。PVR 通过独立的双目摄像头对设备进

①② 邵伟：《Unity2017 虚拟现实开发标准教程》，人民邮电出版社，2019，第 95 页。

图 1-8 PlayStation VR[①]

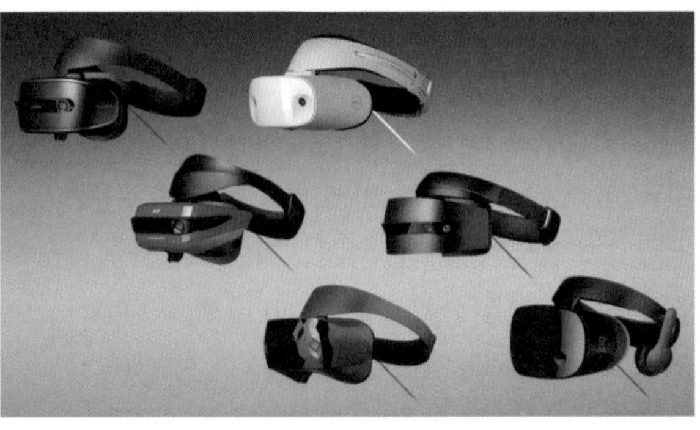

图 1-9 Windows Mixed Reality 设备[②]

行定位，头显和手柄均配置 LED 光源，运行时可发射颜色不同的可见光，摄像头对拍摄到的图片进行图形计算追踪。

七、Windows Mixed Reality

Windows Mixed Reality（简称 Windows MR）是微软推出的混合现实平台，基于 Windows 操作系统，除 Hololens 外，Windows MR 设备本质上都是 VR 设备。微软已经与多家 PC 机厂商联合推出了多款混合现实头显设备。设备通过前置摄像头实现由内而外的位置追踪，设备配置简单，用户可在十几分钟之内将设备安装调试完毕，并且设备不需要高性能的计算机辅助即可体验高品质流畅的 VR 内容。在内容生态上，微软与 Valve 合作，可以在设备上运行超过 2 500 款基于 Steam 的虚拟现实应用程序。图 1-9 所示分别是联想、戴尔、宏碁、惠普、华硕、三星等 Windows Mixed Reality 设备。

八、Gear VR

Gear VR 是三星公司与 Oculus 合作推出的一款移动 VR 设备。该头显与三星 Galaxy 系列智能手机搭配，可以实现沉浸式的 VR 体验。相对于 Cardboard 平台只是单通过头显搭载智能机的方案，Gear VR 可以通过 Micro-USB 接口与头显连接，内置高精螺仪加速度计等传感器，从而提供更精确的头部旋转数据和更低延时的校准反馈。由于 Gear VR 需要结合三星 Galaxy 系列智能手机，而最低从 S6 系列开始，其手机屏幕分辨率就已经达到了 2K 级别，所以用户能够得到良好的观看体验。同时，Gear VR 具备简单的交互部件，用户可以通过头显右侧的触摸板和按钮实现与 VR 内容的交互，新版设备（第五代）配有一个控制手柄，使得交互更加符合用户的使用习惯，如图 1-10 所示。脸书旗下发布的一体机 Oculus Go，也同样基于 Gear VR 工作流程开发，Gear VR 开发者可以无缝过渡到 Oculus 的开发中。

九、Cardboard

Cardboard 平台最初是谷歌法国巴黎部门的两位工程师大卫·科兹（David Coz）和

① 邵伟：《Unity2017 虚拟现实开发标准教程》，人民邮电出版社，2019，第 95 页。
② 《CES 2018：微软生态的 5 个关键领域》，https://livesino.net/archives/10537.live，访问日期：2022 年 8 月 5 日。

图 1–10 Gear VR[①]

达米恩·亨利（Damien Henry）的创意，他们利用谷歌的“20% 时间”工作制度，花了6个月的时间，打造出这个实验项目。用户只需要使用可折叠的纸壳搭载智能手机即可进行 VR 体验，降低了大众体验 VR 的成本。开发者可以通过谷歌提供的 Cardboard SDK 进行 Cardboard 平台的 VR 内容制作，同时可以将应用发布到 Android 和 iOs 平台，如图 1–11 所示。

图 1–11 Cardboard 方案[②]

十、Daydream

Daydream 平台是谷歌推出的增强的 VR 平台，最初在 2016 年 5 月举行 I/O 开发者大会上发布了硬件和软件两部分。软件层面，Daydream 平台内置于 Android 第七代操作系统——Nougat，从系统层面对 VR 内容提供支持和服务，并针对 VR 的内容进行优化；硬件层面，谷歌负责制定符合 Daydream 运行要求的硬件参考标准，由合作伙伴完成设备的制造和销售，如图 1–12 所示。

Daydream 平台专注于移动 VR 解决方案，目前提供智能手机 VR 和一体机 VR 两种方案。对于智能手机 VR 方案，谷歌推出了 Daydream View 头显，并附有一个手柄控制器，搭配符合 Daydream 标准的智能手机运行 VR 内容，目前符合 Daydream 标准（Daydream–ready）的手机型号如表 1–1 所示；对于一体机 VR 方案，目前已与联想合作推出了一体机设备 Lenovo Mirage Solo。

图 1–12 Daydream View[③]

① 王巍:《元宇宙考古:“老古董”VR 百年简史》，http://finance.sina.com.cn/chanjing/cyxw/2022-09-12/doc-imqqsmrn8791381.shtml，访问日期：2022 年 9 月 6 日。

② 《谷歌 Cardboard 图纸不是只有谷歌眼镜和 Cardboard，只是你没有看清谷歌深藏功与名的 VR/AR 布局》，http://www.101ms.com/shangjiwenda/18450.html，访问日期：2022 年 9 月 7 日。

③ 《谷歌 Daydream View 评测汇总：手柄加分》，http://mt.sohu.com/20161011/n470002154.shtml，访问日期：2022 年 9 月 7 日。

表 1-1　Daydream-ready 智能手机列表

制造商	型号
Samsung	Galaxy Note 8、S8、S8+、S9、S9+
Motorola	Moto Z^2 Force、Moto Z、Moto Z Force
Google	Pixel、Pixel 2
ZTE	Axon 7
LG	V30
Huawei	Mate 9 Pro、Porsche Design Mate 9

十一、Oculus Go 和小米 VR 一体机

Oculus Go 是脸书旗下 Oculus 研发的 VR 一体机设备，使用骁龙 821 处理器，采用分辨率为 2 560 像素 ×1 440 像素的 LCD 屏幕，通过使用 Fast-Switch 技术和 Oculus 特殊调制的洐射光，有效地减少了拖影和纱窗效应。Oculus Go 的空间音频驱动器直接内置于头戴设备中，用户无须佩戴耳机即可体验沉浸式音效，头戴设备和手柄控制器均拥有 3 个自由度运动跟踪系统，同时 Oculus 在 Oculus Go 中使用了多项全新的性能优化技术，如固定注视点渲染（fixed foveated rendering）、动态节流（dynamic throttling）和 72 Hz 模式等，保证了应用程序的流畅运行。小米 VR 一体机是小米与 Oculus 联合推出的 Oculus Go 的中国版本，具有相同的硬件配置。在 Oculus Go 与小米 VR 一体机上开发 VR 应用程序，开发流程与 Gear VR 相同，并且控制器与 Gear VR 控制器具有相同的输入方式，如图 1-13 所示。

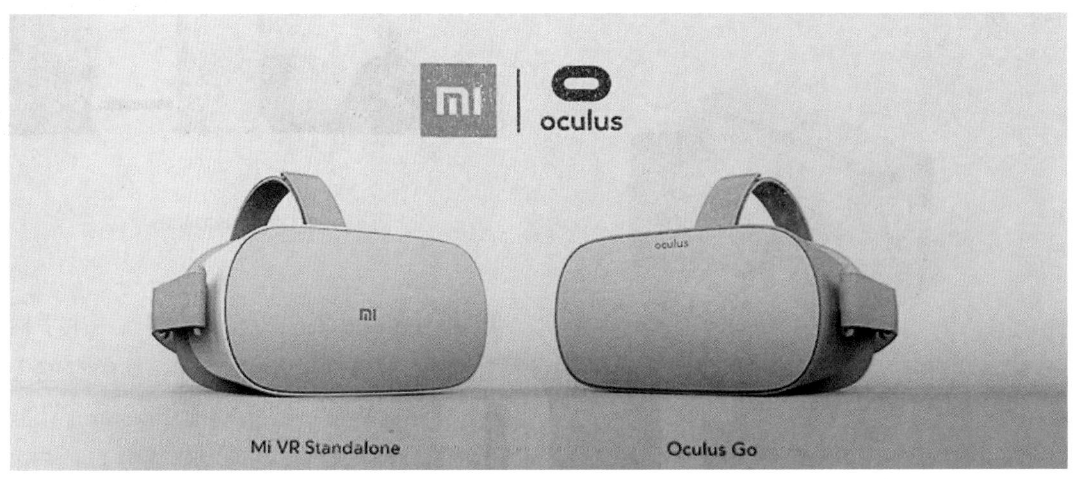

图 1-13　Oculus Go 和小米 VR 一体机 ①

① 邵伟:《Unity2017 虚拟现实开发标准教程》，人民邮电出版社，2019，第 99 页。

第二章 主要的 VR 引擎

自 2014 年脸书以 20 亿美元收购 Oculus 以来，国内大量厂商开始投身虚拟现实行业，但大多聚焦头盔、眼镜等硬件领域，内容严重匮乏，而虚拟现实内容的发展核心要基于 VR 引擎。可以说，无论消费者愿意购买哪家公司制造的 VR 头盔，最终赢家可能都是这些 VR 引擎公司。毕竟数以百万计的开发者都需要 VR 引擎来开发视频游戏。图 2-1 所示为一些常见的游戏引擎。

目前国内市场的主流引擎有 UE5、Unity 3D、Cry Engine、Cocos 3D IdeaVR 等。

第一节 国外主要 VR 引擎

一、Unreal Engine

Unreal Engine（简称 UE）是目前世界最知名、授权最广的顶尖游戏引擎，占有全球商用游戏引擎 80% 的市场份额。UE5 由于渲染效果强大以及采用 PBR 物理材质系统，它的实时渲染效果较好，可以达到类似 Vray 静帧的效果，成为开发者最喜爱的引擎之一。

图 2-1 游戏引擎 [①]

① 《国内外主流 VR 引擎大起底：VR 引擎哪家强？》，http://www.eepw.com.cn/article/201608/295413.htm，访问日期：2022 年 9 月 30 日。

在 UE 5 中加入“VR 预览”功能，这一新选项使 VR 开发者能够立刻通过 Oculus Rift 浏览他们的工作，从而更好地进行开发。2021 年 5 月，UE 5 发布，可以适用于多个平台。

为了进一步吸引开发者加入 UE 阵营，UE4 引擎宣告可以免费下载，这一策略也取得了显著效果——截至 2016 年 7 月，该引擎有超过 200 万名开发者，数量比之前增加了近一倍。近几年来，UE5 引擎已成为许多 VR 游戏体验制胜的法宝。

二、Unity 3D

Unity 3D 是由 Unity Technologies 开发的一个让设计者轻松创建诸如三维视频游戏、建筑可视化、实时三维动画等类型互动内容的多平台的综合型游戏开发工具，是一个全面整合的专业游戏引擎。Unity 利用交互的图形化开发环境为首要方式，其编辑器运行在 Windows 和 mac OS X 下，可发布游戏至 Windows、Mac、Wii、iPhone、WebGL（需要 HTML5）、Windows phone 8 和 Android 平台。

现在，Unity 的重点是调整游戏引擎，使其满足虚拟现实开发人员的需求。Unity5.1 为虚拟现实和增强现实设备增添了“高度优化”渲染管道。同时也增添了对 Oculus Rift HMD 的原生支持，使开发者可以插入他们的开发工具并能够立即使用。最值得期待的虚拟现实头盔 Oculus Rift 已经开始交付，这款设备有 30 款可玩游戏，其中有 16 款是使用 Unity 技术研发的。此外，在为 HTC 和索尼虚拟现实头盔和微软增强现实头盔 HoloLens 开发游戏的开发者中，Unity 技术也非常受欢迎。

Unity 的游戏引擎在低成本设备中占据优势，这些设备可以与智能手机绑定，让人们体验低端虚拟现实技术。目前三星和 Oculus 基于智能手机联合开发了虚拟现实设备 Gear VR，其中 90% 以上的游戏是基于 Unity 技术开发的。

三、Cry Engine

Cry Engine 是德国的 Crytek 公司出品的一款对应最新技术 DirectX 11 的游戏引擎。Cry Engine 是一个兼容 PS3、360、MMO、DX9 和 DX10 的次世代游戏引擎。与其他的竞争者不同，Cry Engine 不需要第三方软件的支持就能处理物理效果、声音及动画。总之，它是一个非常全能的引擎。

2016 游戏开发者大会（Game Developers Conference，简称 GDC）上,《孤岛危机》的开发商 Crytek 正式公开了其最新研发的游戏引擎 Cry Engine 5，该引擎全面支持 DX12 和 VR 开发，并且开源免费。Crytek 旗下最著名的 CE 引擎曾打造过《孤岛危机》系列和《罗马之子》。

四、Cocos 3D

Cocos 3D 引擎是触控科技研发的一款 VR 游戏引擎，代表作品有《捕鱼达人》《我叫 MT》《2048》等，用户多为东亚游戏开发者，但大多为小型游戏。

目前，Cocos 引擎在中国市场占有量非常大，不仅能够帮助开发者便捷开发游戏，还可以实现 VR 硬件的对接和输入。Cocos 引擎里专门集成 VR 模式，方便开发者进行 VR 开发。但 Cocos 引擎原本只是一个 2D 游戏引擎，而对3D及VR的引擎优化并非一蹴而就，所以相较于Unreal这些国际主流引擎来说，Cocos 3D还存在一定差距，未来需要更多的改进。

第二节　国内VR引擎

从2016年开始，VR开始迈入快速发展的轨道。开放的市场环境、利好的国家政策以及资本的不断涌入，使得VR硬件和软件越来越成熟和大众化，一大批优质的VR内容创作团队也应运而生。相较于VR硬件及内容资源易普及、易开发，VR引擎软件因开发周期长、投入大，市场一直处于国外的垄断之下，国内始终没有掌握VR底层研发的话语权。尤其是在国防军工、高端装备方面，关乎着国家的创新能力，如果不能实现国产化，对中国VR行业的发展和安全来说，这无疑是一种严重制约。

曼恒于2010年正式推出面向高端制造业的VR协同设计软件——DVS3D。之后，曼恒对原有的VR软件产品进行迭代更新，在DVS3D的基础上，重新打磨产品功能，去繁化简，推出了DVS3D的替代版VR引擎软件IdeaVR。这是一款帮助非开发人员进行高效内容创作的VR引擎软件，拥有教学考练、异地多人协同、交互逻辑编辑等功能，解决了在高风险、高成本、不可逆或不可及、异地多人等场景下的教学培训、模拟训练、营销展示等应用问题。IdeaVR是曼恒基于对中国市场本土化需求的了解与分析，做出的产品战略升级策略。这也意味着，DVS3D完成了使命，正式退出了中国VR软件产品的历史舞台。

第三章

IdeaVR 的安装和软件授权

通过十几年的不断发展，目前 IdeaVR 软件广泛应用在军工、建筑景观、计算机仿真应用、教育、娱乐等行业。下文将从软件安装开始介绍。

第一节　软件安装

一、安装条件

一般情况下，我们要获取 IdeaVR 软件，需要到曼恒官网去下载 60 天的适用版本，到期后可以联系客服进行购买。点击“下载”后，需要注册，可以通过手机号注册，填写好相关信息后即可完成注册并可以下载适用版本，如图 3-1 所示。

IdeaVR 是一款游戏引擎，对计算机显卡和内存要求较高，具体对硬件配置的要求有以下几点。

1. 基础配置需求

（1）使用多人协同功能，需要计算机具有千兆（100M/1 000M）自适应网卡。

（2）使用视频录制功能，需要计算机具备声卡、麦克风。

图 3-1　通过手机号注册并下载 IdeaVR 试用版

（3）使用 VR 头盔进行虚拟现实体验，需要计算机具有 HDMI 接口（见图 3–2），且显卡至少为 NVIDIA GTX 1060 或更高。

图 3–2　HDMI 接口

（4）在使用 IdeaVR 的过程中，软件对 CPU/GPU 的占用率较高，鉴于目前轻薄本 / 商务本的散热系统效果不佳，故不建议长时间使用 IdeaVR 进行内容创作。

2. 硬件配置需求

硬件的最低配置见表 3–1。

表 3–1　最低配置

CPU	显卡	内存
Intel i5 4550	NVIDIA GTX 660	8G
Intel i7 6700	NVIDIA GTX 1060	16G

3. 操作系统要求

（1）支持 Windows7/10 x64 位操作系统。

（2）IdeaVR 支持中 / 英文命名，但考虑到中文编码的特殊性，为了保证更好的用户体验，建议操作系统的用户名为纯英文组成，如 C:/users/Administrator；IdeaVR 的安装路径不应含有中文、空格以及标点符号等特殊字符；场景名尽量为英文组成，且要与文件夹名一致；同时，如果计算机上不是只有系统盘 C 盘的话，不建议安装在 C 盘里。

（3）IdeaVR 依赖的运行库：① Microsoft. Net Framework 4.0 或更高；② Microsoft Visual C++ 2015 x64 Redistributable。

（4）安装独立显卡驱动。

二、在线更新

IdeaVR 支持软件在线更新，如图 3–3 所示，在有网络的情况下，使用者可点击编辑端的“检查更新”按钮，查看是否有最新版本。IdeaVR 的最新版本将会实时共享给每一位使用者。

图 3–3　在线更新

第二节 软件授权

授权管理工具用于管理客户端机器上的授权文件，支持包括在线和离线方式的激活、升级和转移操作。操作过程分两步，一是选择操作类型，即选择激活、升级或转移；二是选择操作方式，即选择在线或离线。

一、单机授权

操作方式有两种选择，即在线和离线。具备联网条件的用户，可以使用在线操作方式；不能联网的用户，可以使用离线操作方式。

1. 在线操作方式

在线激活：当用户安装完软件后，双击打开软件时出现对话框，如图 3-4 所示。

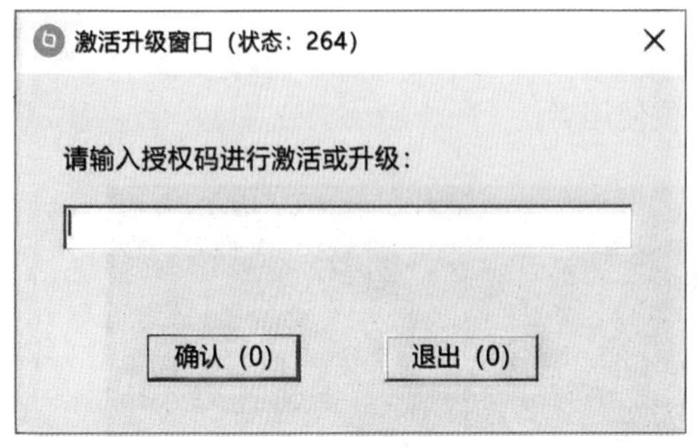

图 3-4 在线激活

用户只需要在联网状态下输入“授权码”，即可完成软件的授权。

2. 离线操作方式

选择离线操作方式后，首先要产生包含机器硬件指纹的请求文件。请求文件产生后，需要拷贝到一台能联网的机器，然后登录用户授权中心，提交请求文件并获得升级文件。也可以将请求文件发给曼恒，由曼恒产生升级文件后发给用户。

离线激活：产生请求文件，如图 3-5 所示。单击“激活”，选择“不能连接互联网”，通过离线方式激活，单击“确定”，单击产生激活请求文件，在弹出的窗口输入要激活的授权码，单击“确定”后将产生请求文件，将请求文件保存到本地，然后回传给曼恒，生成升级文件激活即可。

图 3-5 离线激活

二、集团授权

操作步骤如下：

（1）在服务器端安装 bit_service.exe 文件，如图 3-6 所示。

图 3-6 集团授权服务器端安装

（2）安装完成后打开后台管理界面（可在开始菜单的集团授权处找到），如图 3-7

所示。

（3）单击“产品列表”，选择“添加产品支持模块”，选择添加 GDI_2019.ext 文件，单击“添加”，如图 3–8 所示。

（4）单击“授权列表”，选择“添加授权码”，再选择“联网授权”，将授权码输入后激活即可，如图 3–9 所示。

升级：若有授权权限变更，进入后台管理界面，单击“授权列表”，单击对应产品后升级，在联网状态下升级即可。

终端：在需要使用授权激活的计算机上打开 GDI_2019_SetLocalServer.exe 服务器配置工具，自动查找服务器，选择刚才安装的服务器，单击“应用”即可。

图 3–7　管理界面

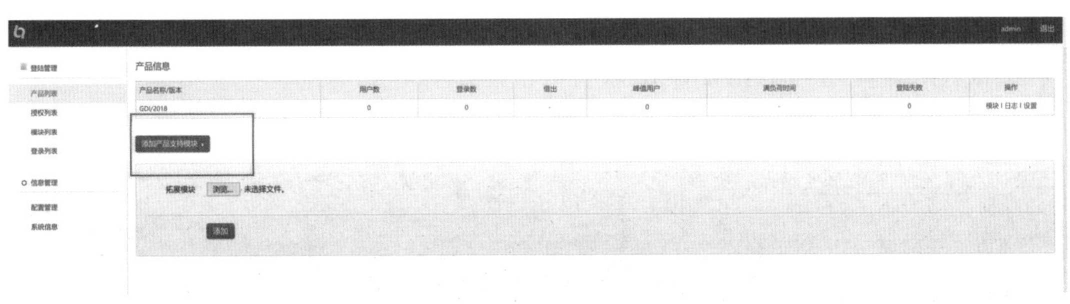

图 3–8　添加产品类型

图 3–9　进行授权

第四章

IdeaVR 的软件架构

本章着重就 IdeaVR 的软件架构进行介绍和说明，包括界面简介、快捷键的设置和使用、主菜单栏命令行详解、属性面板详解，以及 IVRPlayer 和 IVRViewer 介绍。

第一节 IdeaVR 界面简介与快捷键说明

IdeaVR 安装好之后会有三大部分，分别为 IdeaVR 编辑端、IVRPlayer、IVRViewer。其中 IdeaVR 编辑端与 IVRPlayer 在软件完成安装后，会自动在桌面生成快捷方式，作为软件编辑和渲染端的启动项，在 IVRPlayer 中选择渲染端启动场景后，会自动启动 IVRViewer 用于场景的展示。双击打开 IdeaVR，展现在屏幕上的是 Idea VR 的主界面，整体设计风格简洁大方，如图 4-1 所示。

从图 4-1 中我们可以看到 IdeaVR 界面基本上分为七大区域：①主界面；②主菜单栏；③界面左侧菜单栏；④主界面上方快捷工具栏；⑤属性工具栏；⑥属性面板；⑦窗口。

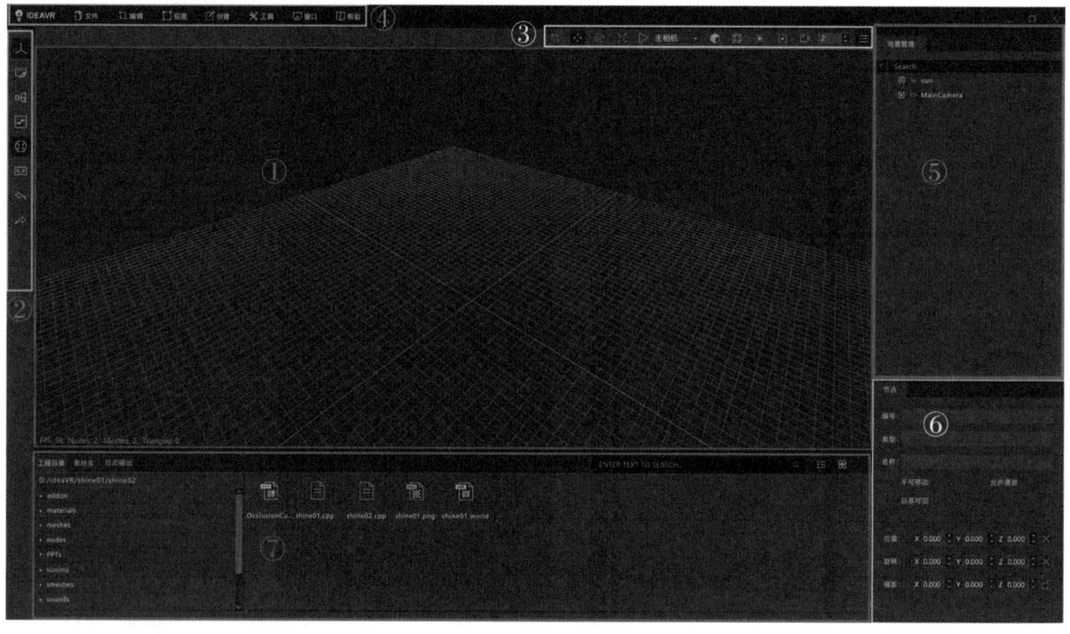

图 4-1　IdeaVR 界面布局

主界面中间最大的区域是 VR 内容视窗口，在 VR 内容视窗口里面可以预览所有的 VR 内容，包括场景、任务、粒子、动画等。我们通过鼠标以及键盘上的 W、S、A、D 键对主界面的视图进行操作，来观察我们做的 VR 内容。在主界面可以看到灰色网格，每个网格的间距是 1 米。另外，在主界面左下方可以看到一些数值，这些数值是系统里实时记录的 VR 场景里常用的数据，如：FPS 每秒传输帧数、Nodes 数目、Meshes 数目和 Triangles 数目。

1. 快捷键说明

在编辑端制作场景时，除了可选择快捷工具栏快速访问，部分功能也有相应的快捷键，如表 4–1 所示，2020 年的版本暂不支持快捷键自定义。

表 4–1　快捷键说明

命令	快捷键
选择	Z
平移	X
旋转	C
缩放	V
克隆	Ctrl+C
删除	Delete
保存	Ctrl+S
取消选中状态	Space（空格键）
聚焦	F
全屏	F8
查看日志信息	~
视角下移	Q
视角上移	E
视角前移	W
视角后移	S
视角左移	A
视角右移	D
退出运行	Esc

2. 主菜单栏

主菜单栏从左到右分别是“文件”“编辑”“视图”“创建”“工具”“窗口”“帮助”7 大部分（见图 4–2）。IdeaVR 的主菜单栏下面的二级菜单包含如下内容，如图 4–2 所示。

1）“文件”菜单栏（见图 4–3）

（1）“新建工程”：清空视口内场景，新建一个空场景，空场景中包含一个 sun（平行光）节点和一个 Main Camera 节点（运行场景之后的视角）。

（2）“打开工程”：打开一个扩展名为 .world 的工程文件（此为本软件打包的工程文件格式）。

（3）“最近工程”：显示最近打开的工程文件路径，也可直接单击该路径打开，目前最多可保留显示 9 个最近使用的工程。

（4）“保存工程”：保存当前场景的所有

IDEAVR　文件　编辑　视图　创建　工具　窗口　帮助

图 4–2　主菜单栏

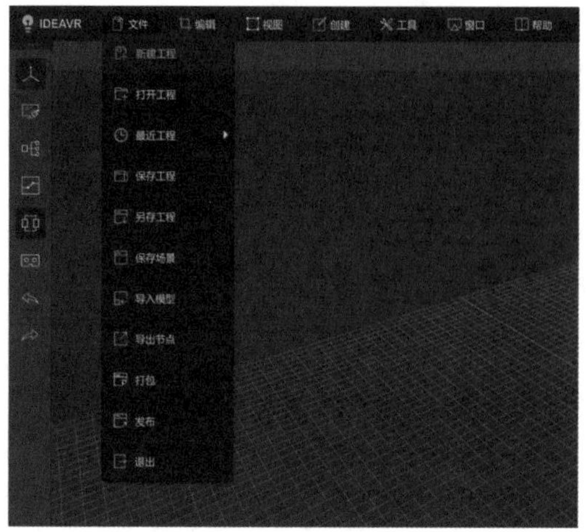

图 4-3 “文件”菜单栏

变动，空场景下单击“保存”将自动跳转至“另存为”。

（5）“另存工程”：将当前场景另存为其他场景。

（6）“保存场景”：同保存工程。

（7）“导入模型”：在当前场景中导入一个三维模型文件，目前支持主流的通用格式、fbx 格式以及部分 obj 格式等。

（8）“导出节点”：将当前场景中的节点导出为 .node 格式，导出的节点应用于当前场景中创建副本使用（即导出的模型只能应用在当前场景）。

（9）“打包”：将当前场景打包为 .ivr 格式的文件，在 IVRPlayer 中启动使用。

（10）“发布”：将当前场景发布成 .exe 可执行文件，可直接打开使用，选择相应的渲染输出环境，然后运行场景即可，如图 4-4 所示。

（11）“退出”：结束当前编辑，退出 IdeaVR。

2）“编辑”菜单栏（见图 4-5）

（1）“选择”：切换至选择状态，双击选中节点，无操作器。

（2）“平移”：进入平移模式，选中节

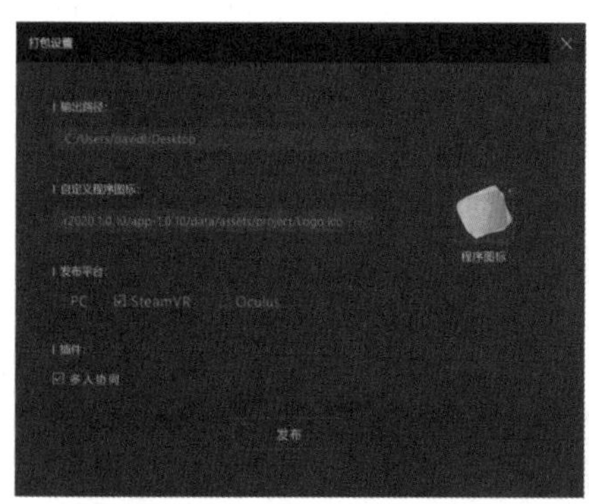

图 4-4 exe 文件运行界面

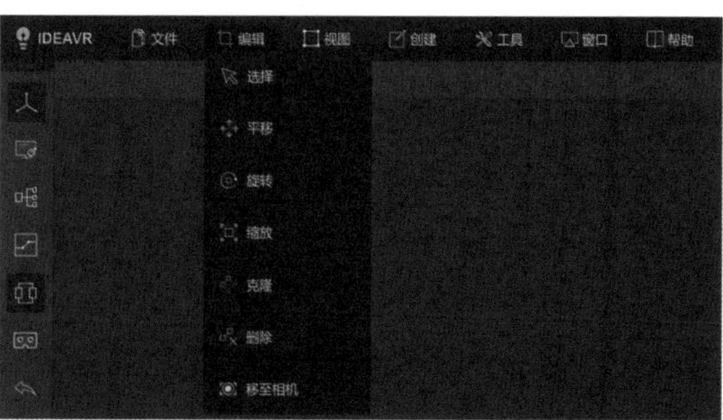

图 4-5 “编辑”菜单栏

点，出现平移操作杆，可通过鼠标移动当前选中对象。

（3）“旋转”：进入旋转模式，选中节点，出现旋转操作杆，可通过鼠标旋转当前选中对象。

（4）“缩放”：进入缩放模式，选中节点，出现缩放操作杆，可通过鼠标缩放当前选中对象。

（5）“克隆”：创建一个当前选中节点的副本。

（6）“删除”：删除当前选中节点。

（7）“移至相机”：将当前选中节点移至视角前。

3）“视图”菜单栏（见图 4–6）

（1）“透视图”：三维视图。

（2）“前视图”：从正前方观察场景。

（3）“顶视图”：从正上方朝下观察场景。

（4）“侧视图”：从侧面观察场景。

（5）“隐藏 / 显示”：对选中的节点进行显示或隐藏操作。

（6）“全部显示”：显示场景中所有隐藏的节点。

（7）“聚焦”：将相机视口的朝向转至当前选中的模型对象。

（8）“全屏”：全屏显示当前的视口，隐藏软件界面上的其他控件。

4）“创建”菜单栏

在第六章将对此进行具体介绍。

5）“工具”菜单栏（见图 4–7）

（1）“天气”：在场景中添加天气效果。

（2）“标注”：可在场景中增加测量和连线标注。

（3）“材质”：用于清空场景中多余的材质。

（4）“设置”：打开常用设置、窗口设置、渲染设置、相机设置、物理设置以及视频录制设置面板。

（5）“交互编辑器”：打开交互编辑器面板，详见第十一章。

（6）“扩展功能”：可以通过格式转换，把三维模型常用格式转化成 PDF 和 html 格式；转换后分别可以用 PDF 和网页打开图片和 3D 内容。

（7）“遮挡预计算”：打开遮挡预计算设置面板。

6）“窗口”菜单栏（见图 4–8）

（1）“工程目录”：切换当前工程目录的显隐。

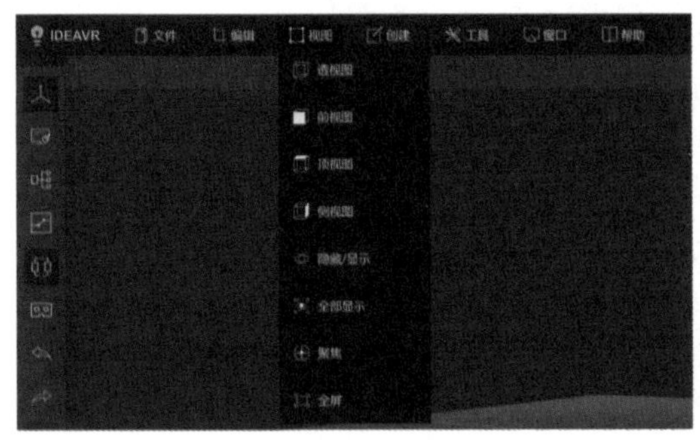

图 4–6 “视图”菜单栏

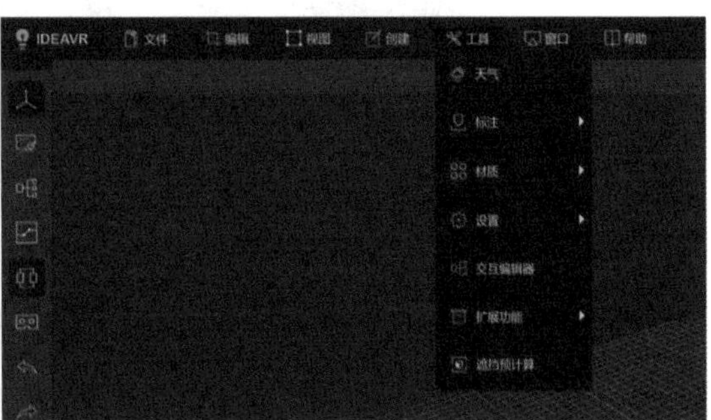

图 4–7 “工具”菜单栏

（2）“系统资源””：切换 IdeaVR 素材库的显隐。

（3）“场景管理器”：切换场景树管理器的显隐。

（4）“属性面板”：切换属性面板的显隐。

（5）“动画编辑器”：切换动画编辑器控件的显隐。

（6）“日志”：切换日志窗口的显隐。

7）“帮助” 菜单栏（见图 4–9）

（1）“商店”：打开 3DStore 模型素材商店的窗口。

（2）“帮助文档”：点击后可直接转至 PDF 格式的用户手册。

（3）“检查更新”：检查当前版本是否有更新，可在该窗口直接点击在线更新版本。

（4）“用户反馈”：提供用户反馈的窗口。

（5）“关于”：显示 IdeaVR 基本信息、模块及使用期限等，如图 4–10 所示。

3. 界面左侧菜单栏

下文将按从上至下的顺序对界面左侧菜单栏加以介绍。

切换局部坐标系和世界坐标系［局部坐标是参照模型父节点坐标，世界坐标是参照坐标原点（0，0，0）］。

可以快速打开渲染设置面板。

可以快速打开交互编辑器界面。

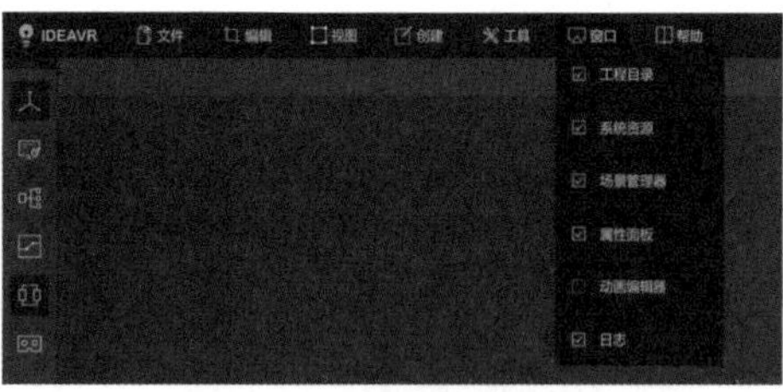

图 4–8 “窗口”菜单栏

图 4–9 “帮助”菜单栏

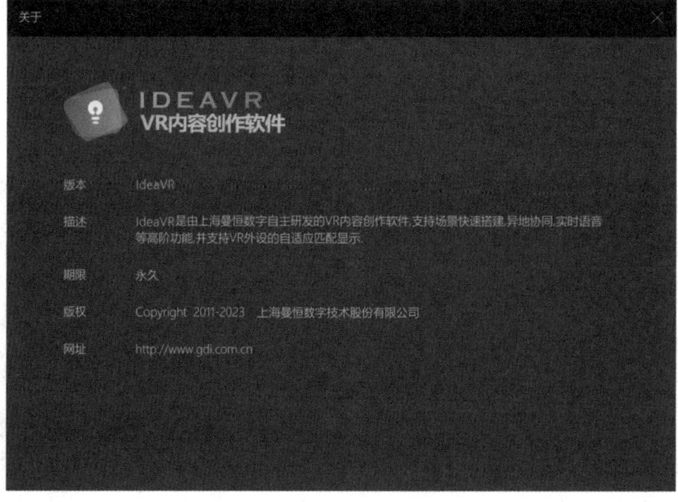

图 4–10 软件版本信息显示

可以快速打开动画编辑器界面。

开启 / 关闭垂直同步功能，用于控制场景帧率（开了会耗费性能）。

一键 VR 功能，可以直接启动 SteamVR 平台支持的头盔，在头盔中预览场景。

撤销功能，可撤销场景中的部分操作，目前支持撤销 10 步。

重做功能，可重做上一次撤销的操作，目前支持重做 10 步。

4. 主界面上方快捷工具栏

下文将按从左到右的顺序对主界面上方快捷工具栏加以介绍。

选择功能，点击后鼠标切换为选择状态，可在视口中双击选择节点。

平移功能，点击后进入平移状态，选中节点呼出平移操作杆，可拖动鼠标进行平移操作。

旋转功能，点击后进入旋转状态，选中节点呼出旋转操作杆，可拖动鼠标进行旋转操作。

缩放功能，点击后进入缩放状态，选中节点呼出缩放操作杆，可拖动鼠标进行缩放操作。

运行功能，视口中场景进入运行预览状态，该状态下可触发交互逻辑进行效果预览。

视口选项功能，选择“主相机”，运行时，场景的相机则为默认相机；选择“当前视口”，运行时相机位置和用户当前视角位置相同，方便用户确认效果。

线框模式，点击后整个场景进入线框显示模式，整个场景模型将以线框的方式显示。

快速预览场景的各个视图，二级菜单中包含透视图、前视图、顶视图、侧视图。

移至相机，点击后可将当前选中节点移至视角前。

录制功能，用以录制场景视口内一系列操作视频。

表示相机速度，在后面输入框中输入相机速度，可调节视口中相机的移动速度，该数值可针对场景保存。

收缩功能，用于隐藏该视口中的快捷工具栏。

5.“场景管理”工具栏

场景管理器在 IdeaVR 编辑端主界面的右上方分布，在该窗口内以层次化的树状图显示方式显示了当前场景中所有节点，以及场景中节点的父子关系。

在场景管理器窗口中，可以直观地看到内容搜索的功能，可以直接输入节点名称进行筛选搜索，也可通过勾选各个节点前的状态来控制该节点的显隐。在场景管理器中可以直接拖动节点调整节点顺序，也可调节节点父子关系。

在场景管理器中，可选中各类节点，单击鼠标右键，可选择各个节点相应的一些功能。节点类型及操作如下：

（1）物体节点（见图 4–11）：包括灯光、粒子、音频、视频、UI 组件、草、水和操作考试等节点，可以对物体节点进行“删除”“克隆”“定位”“合并”“拆分”“移至相机”6 项操作。

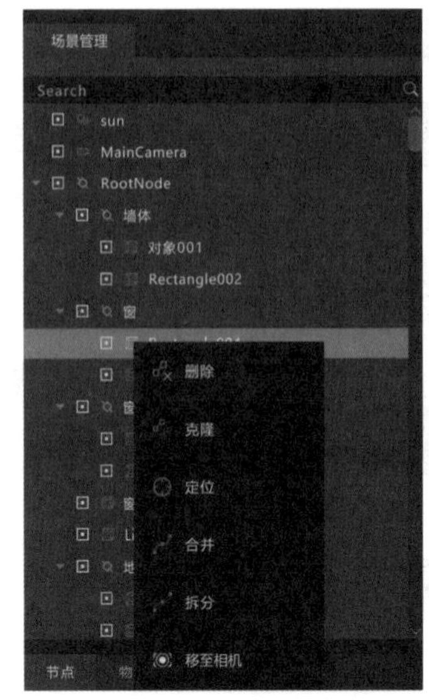

图 4–11　物体节点操作命令

（2）节点拆分：选择某一多面的实体节点，右击“拆分”，即可按照材质同类项拆分成多个独立的节点；所有原来的节点将被拆分出来，挂在最高层级目录下。

（3）节点合并（见图 4–12）：在场景管理器中，按下“Ctrl”多选实体节点（object mesh），右击选择“合并”，皆可按照材质同类项合并成一个多面的实体节点；在弹出的菜单里选择合并功能，会弹出一个提示框，用以提示注意事项。节点合并后原来的节点会消失，如果该节点做了动画、交互或者 Python 脚本设计，这些逻辑均会失效。

图 4–12　节点合并

（4）相机节点（见图 4–13）：对该类节点可以实现“删除”“克隆”“定位”“移至相机”“合并”“拆分”“相机预览图”7 项操作。其中不能对场景中的 Main Camera 节点进行克隆。

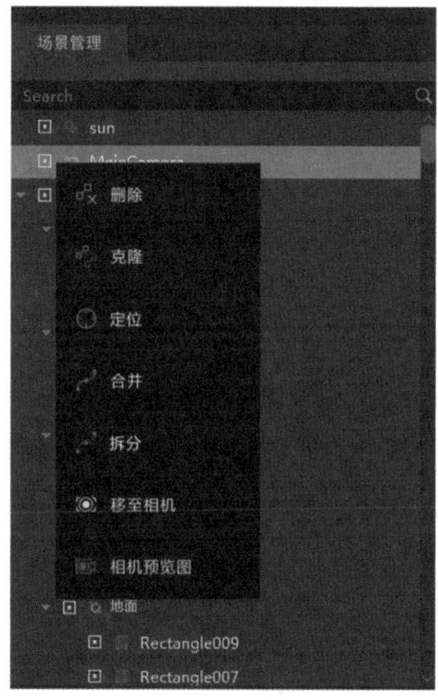

图 4–13 相机节点操作命令

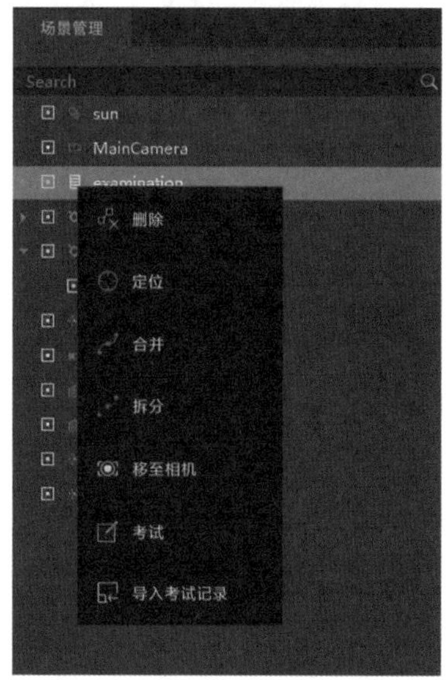

图 4–14 考试节点操作命令

（5）考试节点：其中只针对常规题考试节点（见图 4–14），可对该节点进行“删除”“定位”“合并”“拆分”“移至相机”“考试”“导入考试记录”7 项操作。

（6）多媒体节点（见图 4–15）：可对该节点进行“删除”“克隆”“定位”“移至相机”“合并”“拆分”“添加按钮”7 项操作。其中添加按钮可在 PPT 翻至当前页添加按钮链接，可在按钮下添加音频、视频链接，直接将音频、视频节点拖动至按钮节点下，作为按钮节点的子节点即可；也可在按钮下链接动画文件，在按钮属性中添加动画地址。

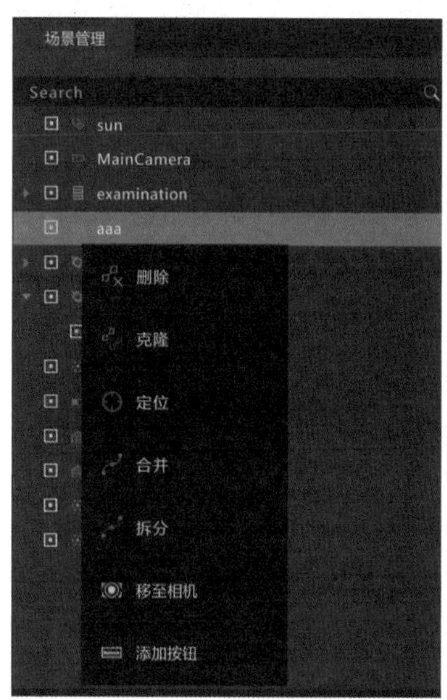

图 4–15 多媒体节点操作命令

6.“属性”面板

在 IdeaVR 编辑端界面的属性栏中，可以对各个选中的节点进行属性的修改和编辑。不同类型节点有不同的属性类别，如图 4–16 所示。首先介绍一些场景中所有节点的一些通用属性。

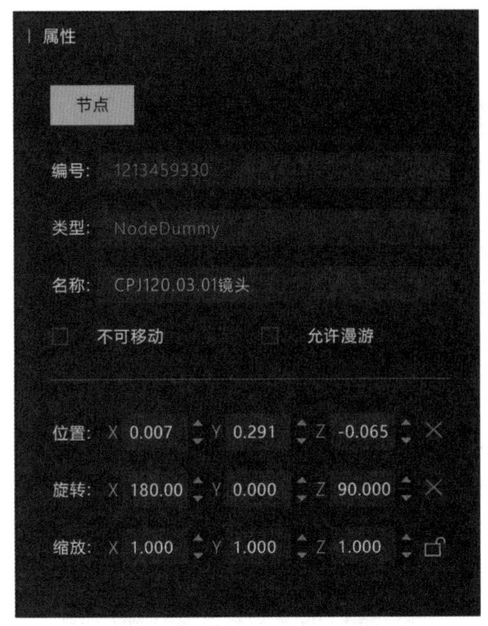

图 4–16 “节点”属性面板

（1）“编号”：显示节点的 ID 信息，场景中所有的节点均有各自不同的 ID，且该属性无法更改，是每个属性的独有编号。

（2）“类型”：提示该节点的类型（如空节点、物体节点、灯光节点、相机节点等），也无法修改。

（3）“名称”：显示该节点的名称，可以根据需要进行修改。

（4）“位置”：显示该节点在对应坐标系（世界坐标系 / 局部坐标系）下的坐标值，在该属性栏，可以直接输入数值对节点的位置信息进行修改，也可单击 ，一键归位至坐标系原点。

（5）“旋转”：显示该节点在对应坐标系（世界坐标系 / 局部坐标系）下的旋转角度，在该属性栏，可以直接输入数值对节点的旋转角度进行修改，也可点击 ，一键归位至零点。

（6）“缩放”：显示该节点 X、Y、Z 轴各轴向的缩放比例，在该属性栏可以直接输入数值对节点各轴向上进行一定比例的缩放，也可以点击 锁定，修改单个缩放值，在 X、Y、Z 轴 3 个方向上进行等比例缩放，控制物体大小。

（7）“不可移动”：勾选状态下，在渲染端（IVRPlayer）启动 .ivr 格式（打包好的场景）的模式下，使用手柄功能将无法对该状态下的节点进行部件移动，反之即可通过手柄对该节点进行移动。

（8）“允许漫游”：勾选状态下，在渲染端启动场景时，可以通过手柄射线瞬移漫游的方式（移动到射线末端所处的位置），在该节点物体上进行漫游操作；未勾选该状态的节点则无法进行瞬移漫游。

（9）“物体”（见图 4–17）：该属性面板中显示该物体节点的具体属性。

（10）“触发器”（见图 4–18）：触发器一般应用于交互逻辑中，在属性栏中可设置触发器类型、触发方式以及触发器触发的大小范围。

以上为场景中所有节点的一些通用属性。此外，经常会在场景中导入其他类型的节点，例如灯光节点、粒子节点、草地节点、UI 组件节点（如按钮文本框）等特殊节点，根据节点类型的不同，也会有不同类型的属性，关于特殊应用的节点，后面章节将会有详细介绍，在本章中着重介绍部分常用节点属性。

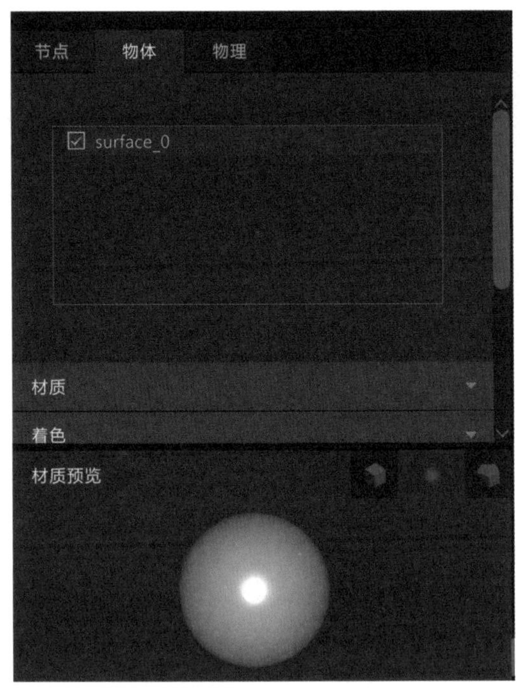

图 4-17 “物体”属性面板

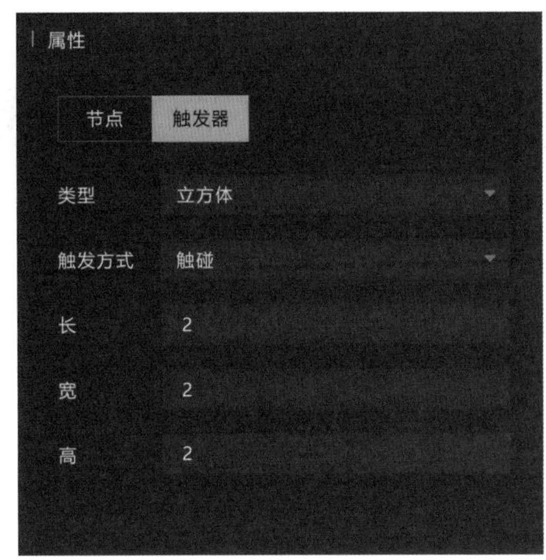

图 4-18 “触发器”属性面板

7. 窗口

IdeaVR 编辑端的窗口位于界面的下方，窗口栏默认显示资源面板和日志输出两个窗口界面，可以切换查看。在该窗口处，可方便用户访问与查询。

（1）“工程目录”（见图 4-19）：可在资源面板中查看工程文件的路径，双击该路径，可直接打开该工程文件夹。在路径下方，可显示工程文件下的所有文件，展开对应文件，文件夹中所有内容会在右侧窗口依次显示。该资源窗口可直接访问工程中所有文件，也可直接拖动文件进行使用。

（2）“素材库”。

（3）“日志输出”（见图 4-20）：该窗口内会实时输出场景中的日志信息，对场景进行的所有操作均会以日志的形式实时输出，当对场景进行一些误操作，例如保存时丢失、加载失败等，发现场景出现异常情况时，可以通过查看日志输出的信息来定位问题，有助于快速有效地解决问题。

图 4-19 窗口界面

图 4-20　日志输出面板

第二节　IVRPlayer 和 IVRViewer

一、IVRPlayer

IdeaVR 软件的另一运行程序 IVRPlayer 启动器的主界面如图 4-21 所示，在 IdeaVR 编辑端制作完成的案例，在编辑端中打包成 .ivr 格式的文件后，可在 IVRPlayer 启动器中，根据需要选择渲染输出环境（如 VR 头盔环境、大屏环境）来启动场景。其中主界面架构分为如下几个部分。

（1）“主菜单”：访问软件菜单。

（2）“默认场景”：IdeaVR 中附带的 3 个默认展示案例，供用户体验。

（3）“最近场景”：显示最近打开案例的

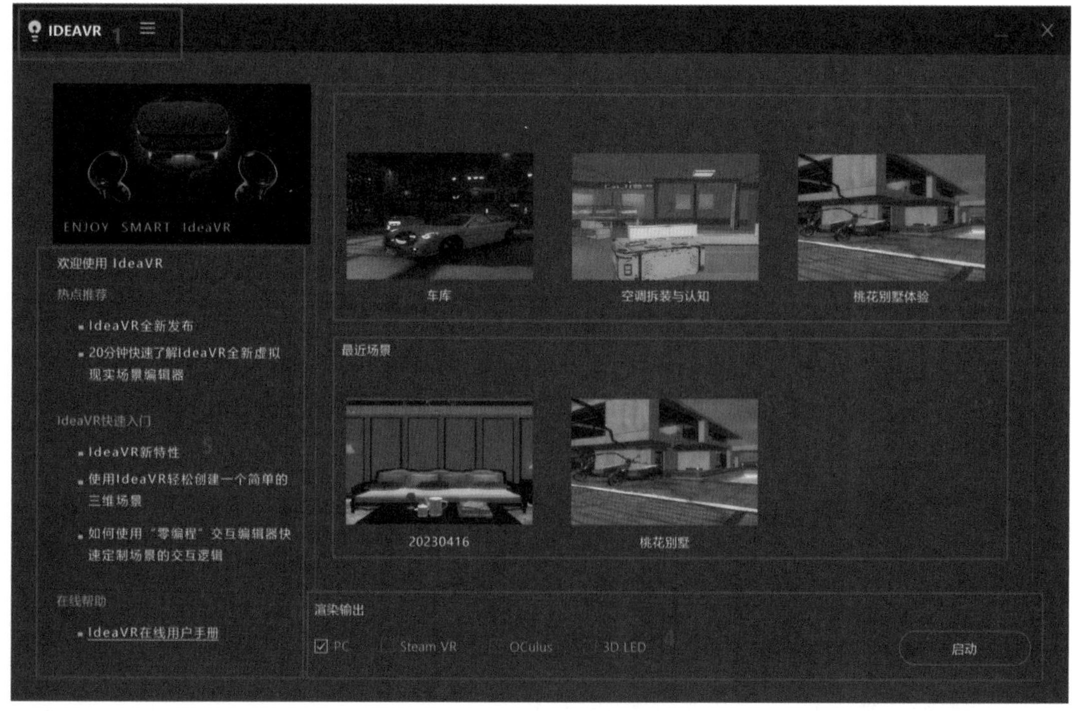

图 4-21　IVRPlayer 主界面

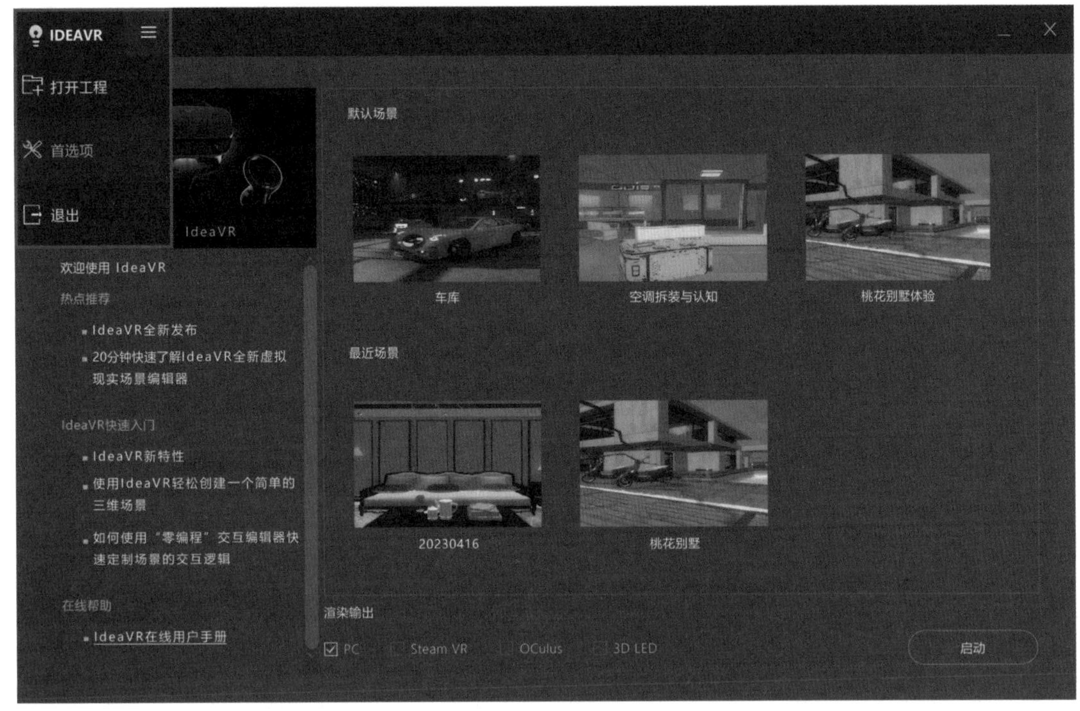

图 4–22　IVRPlayer 端菜单栏

记录，也可双击该案例直接打开。

（4）“渲染输出”：根据需要选择渲染输出环境，软件目前支持大部分主流 VR 硬件环境。

（5）“在线帮助”：用户可在此区域单击查看在线帮助文档。

二、主菜单栏

IVRPlayer 启动器的菜单相较于编辑端更为简洁，如图 4–22 所示，主菜单栏仅包括“打开工程”“首选项”“退出”3 个部分。

（1）“打开工程”：弹框选择工程文件所在路径，可直接打开 .ivr 格式的案例。

（2）“首选项”：启动场景后，可对在场景中的视频录制进行基本的设置以及控制在场景中通过手柄射线进行瞬移漫游的开关设置，在设置完成后单击应用，如图 4–23 所示。

（3）“退出”：退出 IVRPlayer 程序。

三、案例展示区

IVRPlayer 启动器主要用于对制作完成的案例场景进行展示，在案例展示区，分为“默认场景”和“最近场景”两个部分。IVRPlayer 在安装后，附带了 3 个提供给用户体验的默认案例。

四、渲染输出环境

关于 IdeaVR 支持当前市场上大部分的主流 VR 硬件设备，同时也提供一些硬件自适应的解决方案。目前软件支持 HTC Vive、HTC Vive pro、Windows MR 以及 Oculus Rift 等主流的头显设备，另外同时支持 VR[2]、VR[3]

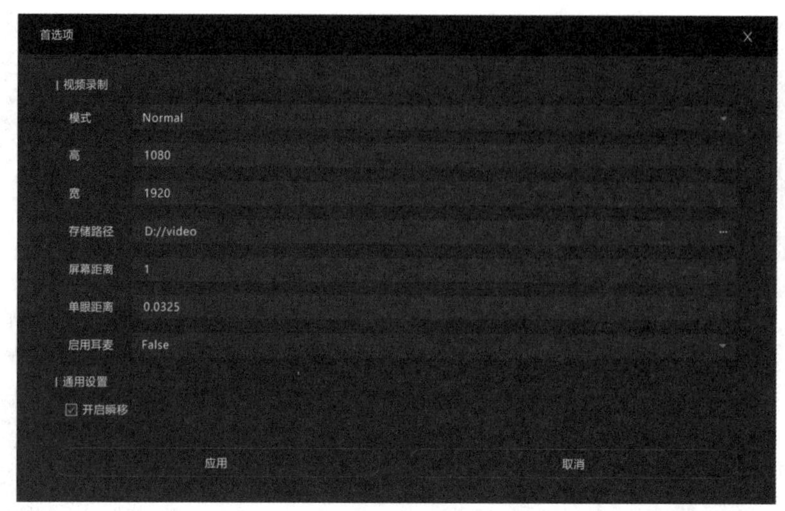

图 4-23 “首选项”菜单栏

等多通道环境。同时在多人协同环节中，提供了准确的大空间定位方案，如 G-Space 让体验者在 1:1 的虚拟环境中沉浸体验（能够捕捉用户在空间的真实位置和部分动作），如图 4-24 所示。

在 VR 平方等 LED 环境下启动场景时，选择 3DLED 渲染输出，并根据屏幕尺寸进行相应的设置，如图 4-25 所示为当屏幕尺寸为 7m × 2.5m 时，一台工作站启动一个渲染机的 VR 设置：假定追踪原点位置在离屏幕地面中心点垂直距离 2 米处，屏幕宽度为 7 米，高度为 2.5 米，按照左下点在原点构建的空间中的映射位置，原点使用坐标系，计算得出参数配置。

VR^3 启动场景同样选择 3DLED 启动，由于有多屏渲染，在配置屏幕参数时需对各

图 4-24 G-Space 多人协同大空间交互环境

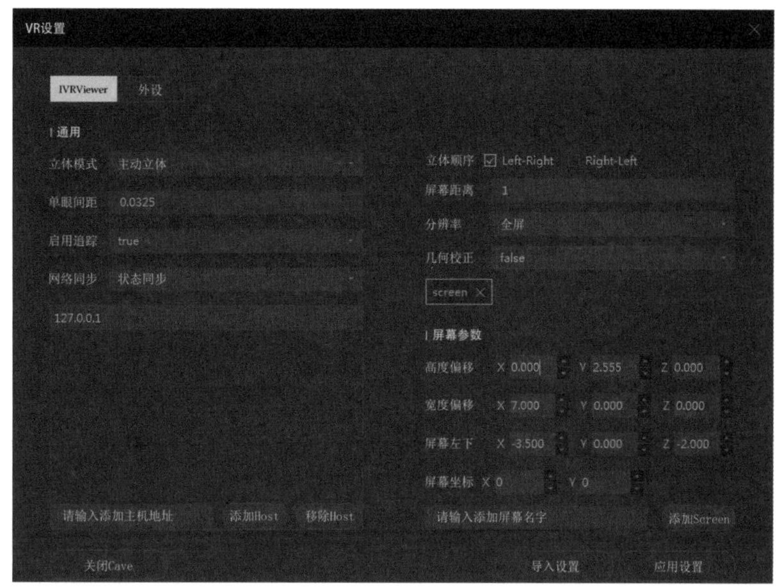

图 4-25　VR^2 环境配置

个屏幕进行拼接。当前常用的启动方式是由一台主控端启动程序，而其他的工作站通过软件小助手自动启动程序来启动场景。如图 4-26 所示为 VR^3 沉浸式环境。

图 4-26　VR^3 沉浸式洞穴交互显示环境

另外在 3DLED 多屏渲染输出环境下，软件提供的 G-motion 追踪系统，也有相应的眼镜和手柄追踪，如图 4-27 所示为该环境

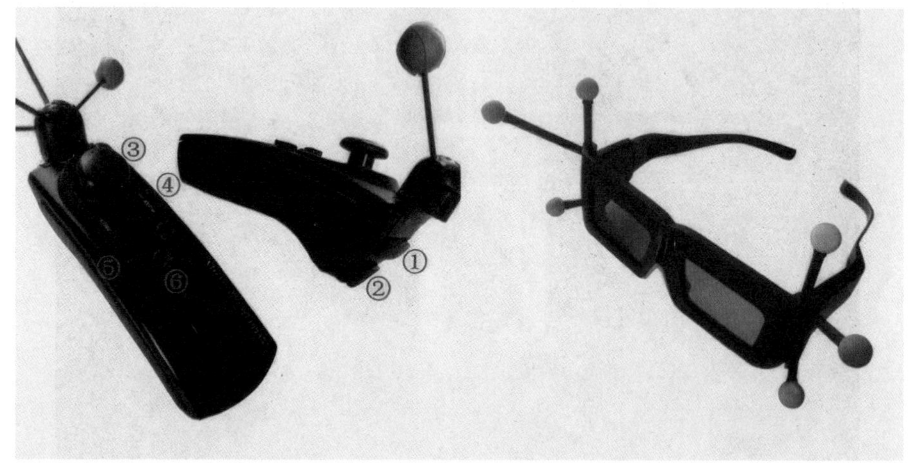

图 4-27　交互外设

下的外设及其简单操作介绍。

（1）菜单键：用户呼出手柄菜单。

（2）漫游键：根据射线指向，长按该键用于在场景中进行漫游（瞬移）。

（3）摇杆：用于视角的旋转及漫游。

（4）电源键：用于打开 / 关闭手柄电源。

（5）确认键：用于选择菜单功能，触发交互逻辑，交互逻辑中设置的所有手柄触发键（扳机键、漫游键、握持键）在该环境下，均为该键触发。

（6）瞬移漫游键：在开启瞬移漫游后，可在允许漫游的地方，单击该键进行瞬移漫游。

第三节 IVRViewer

IVRViewer 是场景启动渲染端后，渲染输出展示的一个界面窗口，如图 4–28 所示，该界面简洁，仅有一个主菜单栏，在后面的小节中将详细介绍主菜单栏中的功能。

一、视频录制

IVRViewer 启动场景后，用户可以在场景中进行漫游、交互等虚拟现实体验操作。因此在场景视口中软件提供了视频录制的功能，可以录制在场景中的操作过程和所展示的内容。将虚拟场景中的体验过程以视频的形式呈现给更多的用户，以便教学使用。

在视频录制功能中，软件录制的视频将以 .mpg 的格式输出。而录制视频的基本设置在前 IVRPlayer 界面的首选项中。

视频录制中，可对录制进行如下设置：

（1）设置视频的立体模式；

（2）根据播放所需的屏幕分辨设置对应视频的高和宽；

（3）自主选择视频的存储路径；

（4）设置屏幕距离；

（5）设置单眼间距，在渲染端中展示应用；

图 4–28 IVRViewer 界面

（6）选择是否录制耳麦音效；设置完成后，用 IVRViewer 启动场景，单击下拉菜单，选择“录制视频”，如图 4–29 所示。

单击“录制视频”，即开始录制，在录制完毕后，再次单击该按钮，完成视频录制，在录制设置的路径下，可找到该视频文件。

图 4–29 录制视频

二、加载交互

场景在渲染端启动后，用户可以手动加载在编辑端制作的交互逻辑文件（.ivr 文件或 .mgr 文件），场景在加载交互文件后，用户可以在场景中触发交互文件中的所有交互逻辑。如图 4–30 所示，单击“菜单”，选择“加载交互”，当交互文件前为勾选状态时，则该交互文件已加载，也可再次单击已勾选的交互文件，取消加载交互；或者重新勾选其他文件，进行切换加载。

三、多人协同

IdeaVR 多人协同的功能使用：首先在 IVRViewer 界面，展开菜单，选择“多人协同”，进入多人协同设置。

（1）确定使用网络服务器，选择语音聊天服务器。在软件中为用户提供了两个语音服务器，供用户选择使用。在设置完成后点击“确定”，如图 4–31 所示。

①云服务器：用户在良好的广域网环境

图 4–30 案例交互文件加载

下，要求配置 100/1000M 网络；

②局域网服务器：所有用户在同一局域网环境下；其中一台服务器端打开安装路径下的 IdeaVRServer.exe 局域网服务器，如图 4-32 所示，在服务器窗口界面，可以查看服务器接收消息，以及服务器中的房间信息和房间内用户；

③自定义服务器：针对私有云用户，创

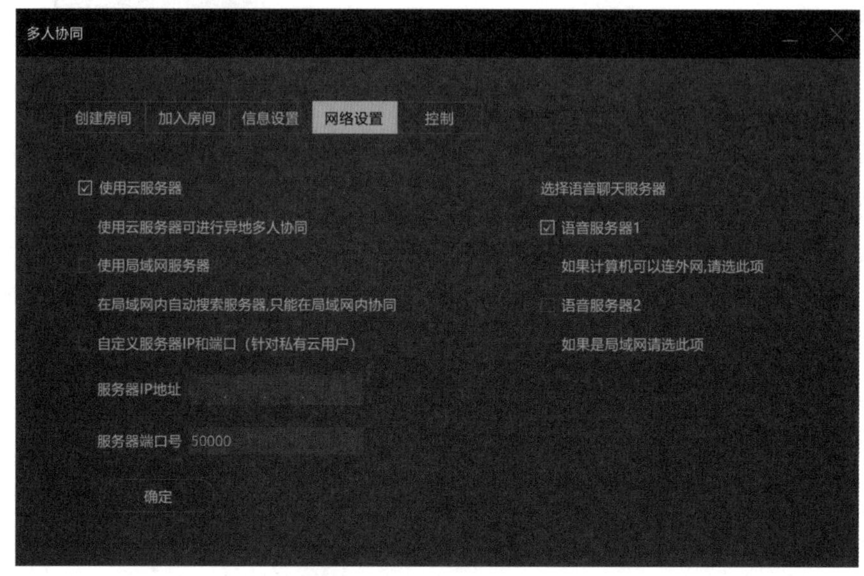

图 4-31　多人协同网络设置

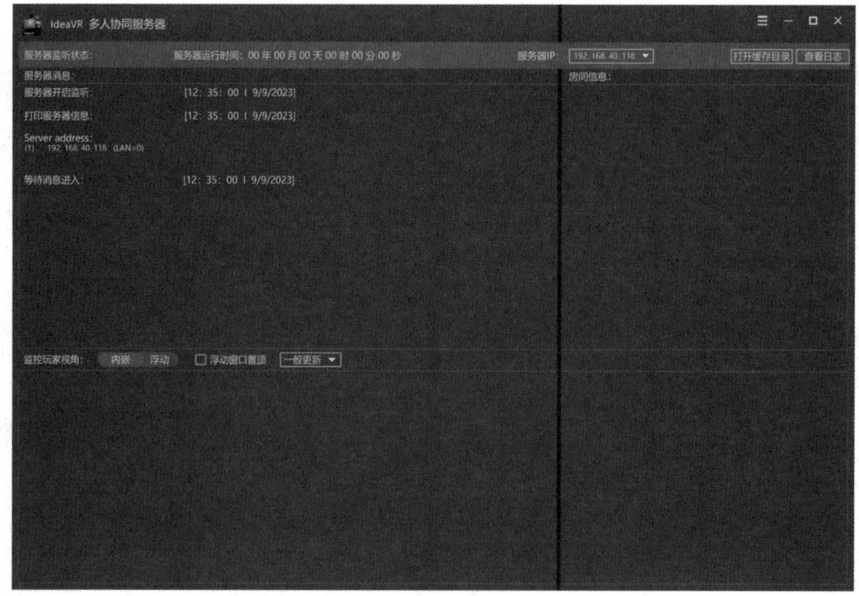

图 4-32　局域网多人协同服务器

建自定义服务器，客户端输入自定义服务器的 IP 和端口号，选择“确认使用”即可。

（2）房主创建房间。在选择服务器网络设置后，房主即可开始创建房间，设置页如图 4–33 所示。

在“创建房间”页，房主可以输入设置“房间名称”“房间口令”（密码）、“用户名称”（即用户昵称），也可选择“在场景中为每个人创建人物角色”，该人物角色即当用户进入房间时，可看见场景中的每个人物以一个人物模型的状态活动，如图 4–34 所示。

（3）加入房间。在房主完成创建房间

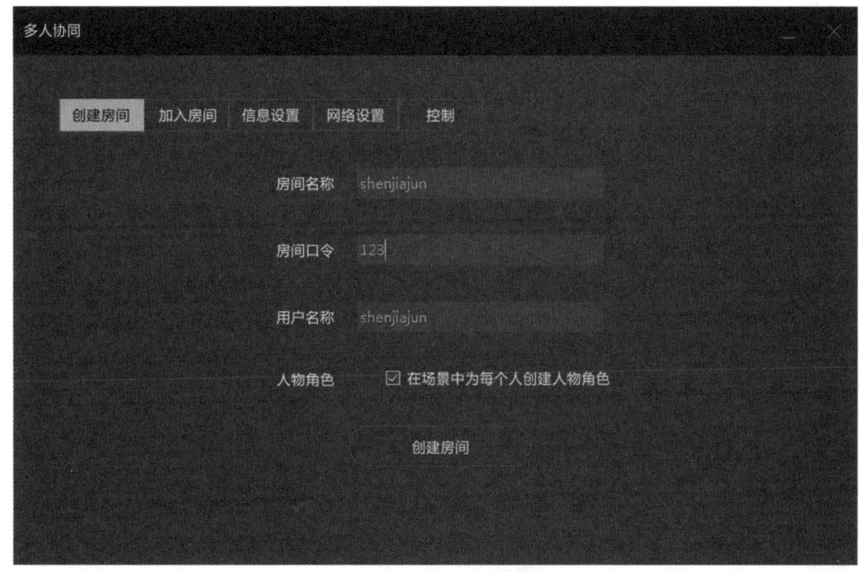

图 4–33　多人协同创建房间

图 4–34　房间中的人物角色

后，其他客户端用户，选择与房主相同的网络服务器，然后选择菜单加入房间页，如图 4–35 所示。在服务器中搜索房间，选择需要加入的房间，并输入正确口令，选择“进入”，即可加入房间中。

（4）信息设置。在菜单信息设置页，可以对昵称、人物形象等进行修改，如图 4–36 所示。

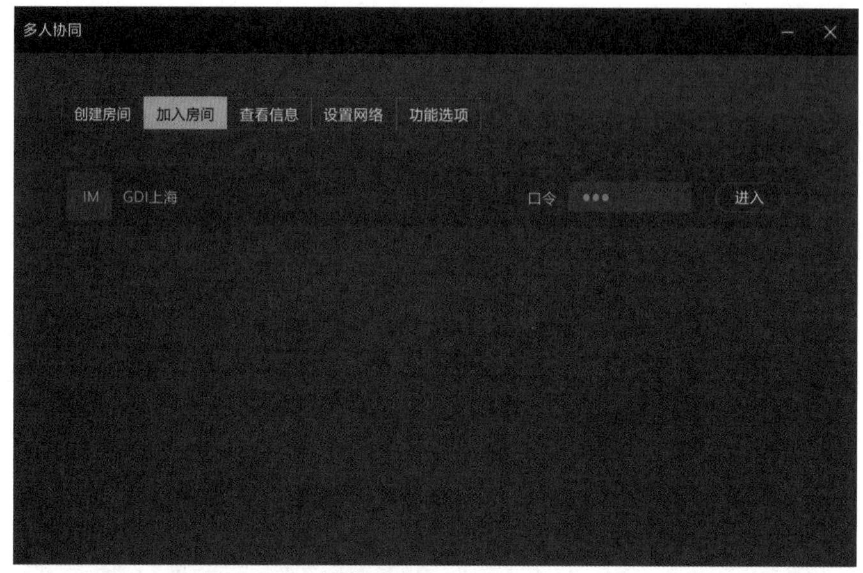

图 4–35　加入房间

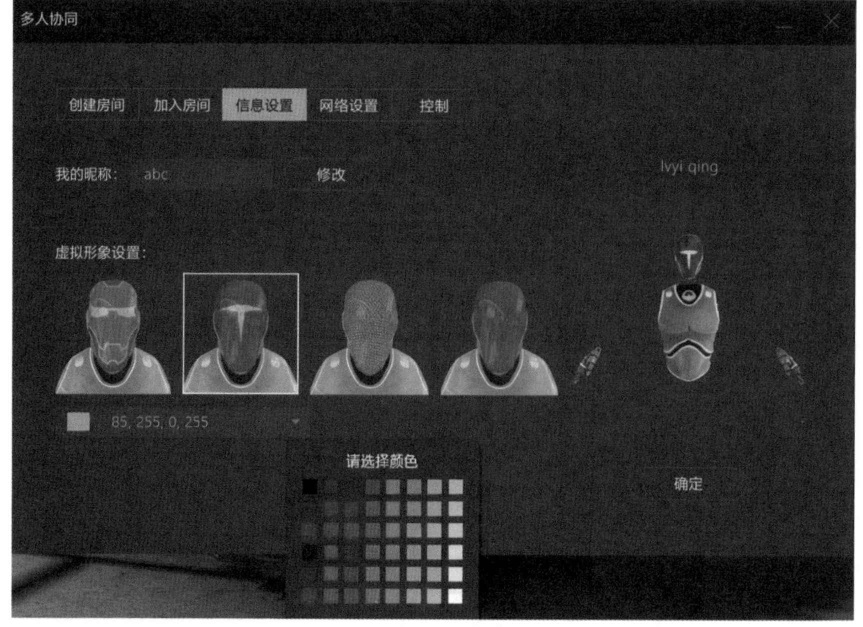

图 4–36　个人信息设置

图 4–37　房间主控制功能

（5）控制选项。在菜单控制选项页，可以查看房间内除本机以外的用户，另外还有“位置跟随”和“语音聊天”两个功能选项，如图 4–37 所示。

① 监控视角：仅有房主可以开启，点击对应用户昵称前的视口图标，即可打开该用户的监控视口，房主可以查看该用户当前视角内场景，多用于教学场景；

② “位置跟随”：仅房主可以开启，当房主勾选“位置跟随”后，房间内用户视角即会跟随房主视角移动，且在该状态下，除房主外的用户无法进行自由漫游移动；

③ “语音聊天”：房间内所有用户可自主选择是否开启，在开启该功能的用户之间，可进行实时的语音聊天；

④ “退出房间”：房间内用户可随时选择是否退出房间，若房主选择退出，则房间解散。

四、手柄功能

IdeaVR 在渲染端启动场景后，除了本身在场景中制作的用户交互外，在各个环境下还具有对应的手柄功能。下面简单介绍下手柄菜单中的一些使用功能。

（1）头盔环境下的手柄菜单：图 4–38 为头盔环境下的手柄菜单界面，共有 8 项功能，在手柄射线指向功能时，扣扳机选中功能，被选中的功能会以发光形式显示。为避免功能重叠与冲突，在选中菜单功能时，将不再触发交互逻辑。

① “节点隐藏”：射线指向节点后，扣动扳机键，该节点会隐藏；

② “节点显示”：选中该菜单功能，会将之前隐藏的节点全部显示；

③ “部件移动”：射线指向物体，扣住扳机，将移动物体；松开扳机，物体即被放下；

④ “自由标注”：扣扳机可进行三维标

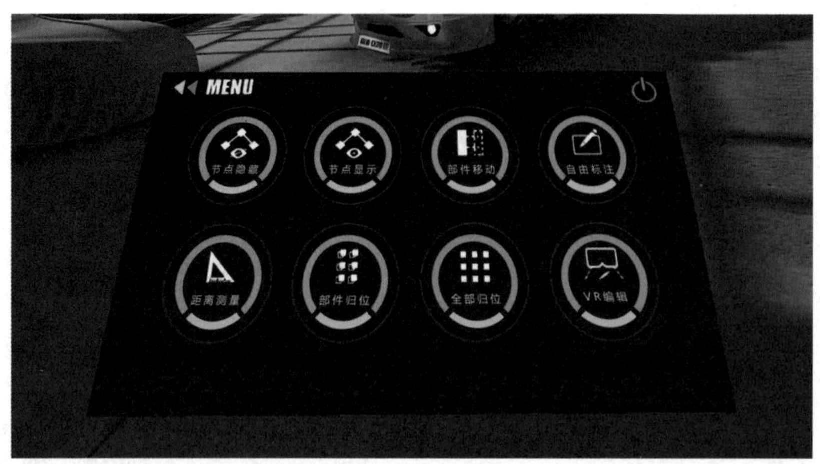

图 4-38　VR 环境下的手柄菜单界面

注，进入该功能，可在自由标注菜单中选择标注颜色、画笔粗细，以及橡皮擦功能，退出自有标注，场景中的标注将清空；

⑤“距离测量”：扣住扳机，可对场景中的一段距离进行测量；

⑥“部件归位”：需要手柄接触到需要归位的物体，扣住扳机将物体移回原位，在原位置有红色高亮显示，当物体移动到原位置附近，出现绿色高亮范围时，松开扳机，物体将自动回到初始位置；

⑦“全部归位”：选中该菜单功能，被移动的物体将全部归至初始位置；

⑧“VR 编辑”：选中该菜单功能，进入 3DCITY 页面，如图 4-39 所示，手柄扳机键点击模型，拖动至场景中放下即可将模型导入场景中，扣扳机点击模型，左手柄会出现

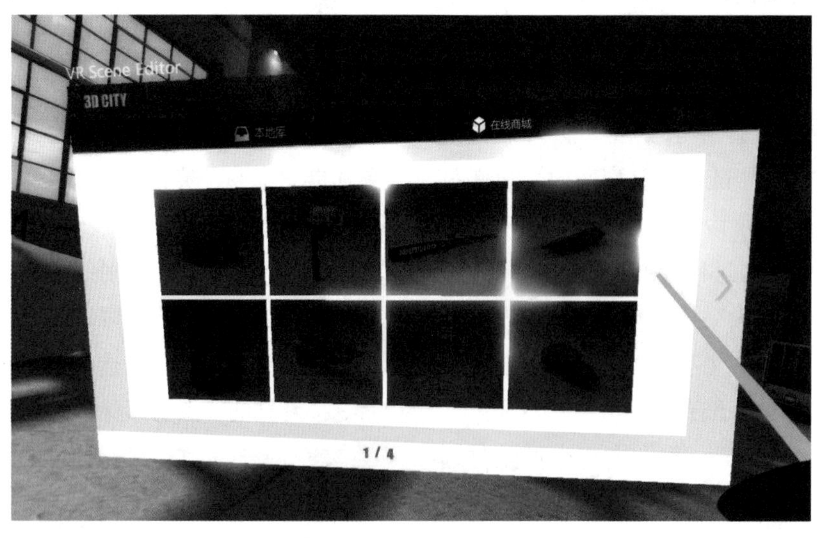

图 4-39　VR 环境中 3DCITY 界面

图 4-40 VR 环境中实时编辑

材质面板，可针对修改材质颜色等参数，如图 4-40 所示。

（2）3DLED 多屏渲染环境下手柄菜单：图 4-41、图 4-42 为多屏渲染环境下的手柄菜单功能页，相较于头盔环境下的手柄菜单功能，该部分拥有在该环境下特有的功能。在 3DLED 环境下启动场景后，默认为重力漫游的漫游状态，即进入场景后，在一平面上进行自由漫游（人会一直在地面上，不会乱飞），该平面高度为编辑端设置的 Main Camera 高度。在该环境下，当选择“自由漫游”“拖动漫游”两个漫游功能时，依旧可以触发场景中的交互逻辑。

①“自由漫游”：选择该功能后，可以通过手柄漫游键在三维空间中进行自由漫游；

②“拖动漫游”：扣住手柄漫游键，可拖动场景，获得俯仰视角；

③“对象查看”：手柄射线指向物体，按

图 4-41 菜单一

图 4-42 菜单二

下手柄“确认”键后，可对该物体进行孤立对象查看（只看着一个），场景中其他物体均被隐藏，再次点击“确认”，回到场景中；

④“多视角”：在场景中选择视角位置，按下“确认”键会记录当前视角，以截图的方式将当前视角记录在视角下方（就像拍照一样），一次最多可保存三个视角，可用手柄射线直接选中该视角截图，按下“确认”键，场景视角直接切换至该记录视角中（回到拍照时的状态），如图 4-42 所示；

⑤“视角锁定”：进入该功能后，G-Motion 环境下的眼镜将失去追踪，场景不跟随眼镜的移动而被拖动（场景不动了，相当于把眼镜追踪停止）；

⑥“初始视角”：选择该功能后，场景视口将直接切换至进入场景时的初始视角（Main Camera 视角）。

在渲染端启动场景后，手柄除了菜单中的一些功能外，还有部分使用上的功能，也可以做一些简单了解。例如当手柄触碰到物体时，物体会高亮显示，此时扣住扳机，可以将物体直接拿起，移动物体。

第五章
内置资源

通常在进行 VR 内容创作时，需要使用大量的模型进行场景搭建，而创建模型与场景的过程会占据大量的资源与时间。这样就会带来一个问题，需在创建虚拟现实内容的时候投入大量的人力、物力进行模型与场景的创建。

为了减少用户在模型与场景创建上的时间与金钱投入，提高用户的创作效率，我们将目前通过主流建模软件创建的优质模型内容进行整合，根据模型类别、适配行业等标准进行分类，形成内置资源商店及在线网站，用户只需进行下载即可导入 IdeaVR 中使用，完全解决了建模周期长、模型精度差等问题。同时内置数十种优质的环境、场景资源，通过简单的拖动即可为虚拟场景设置、更换场景。

第一节　预设资源

在主界面左下方的资源面板可以看到“Python”“场景库”“模型库”“环境库”“粒子库”“角色库”“材质库”，如图 5-1 所示。

预设资源全部在云端（在网络上，需要联网才能下载），用户可以按需下载。当鼠

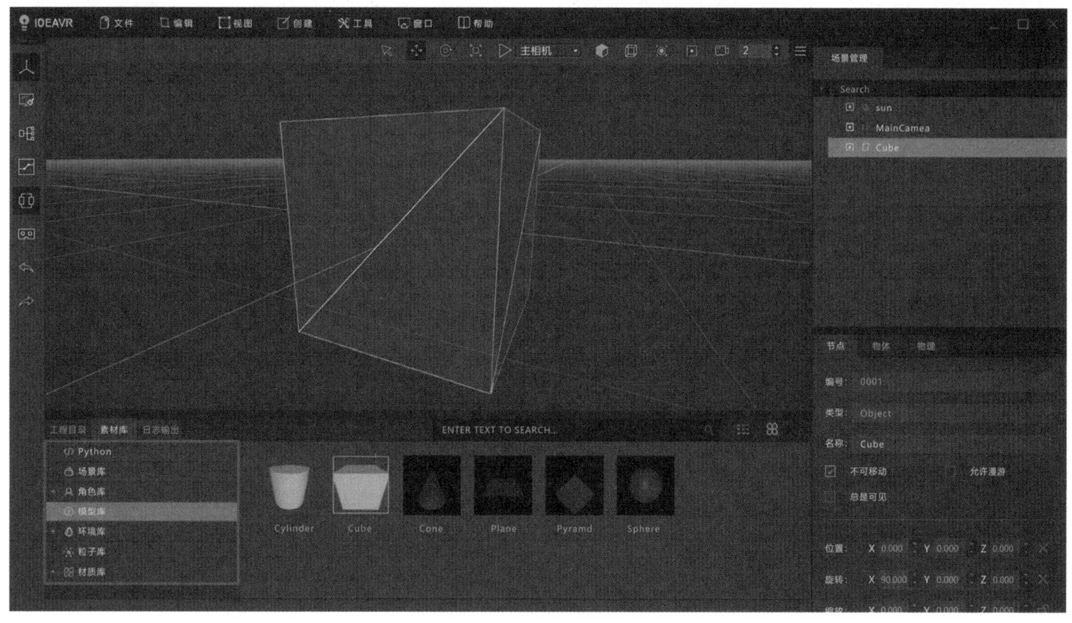

图 5-1　预设资源面板

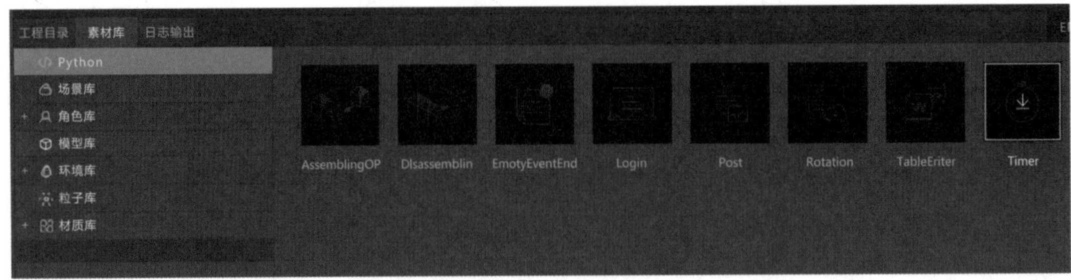

图 5-2　预设资源下载提示

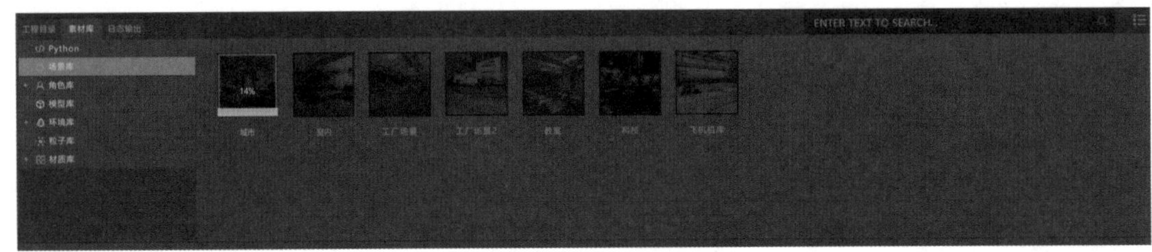

图 5-3　预设资源下载进度提示

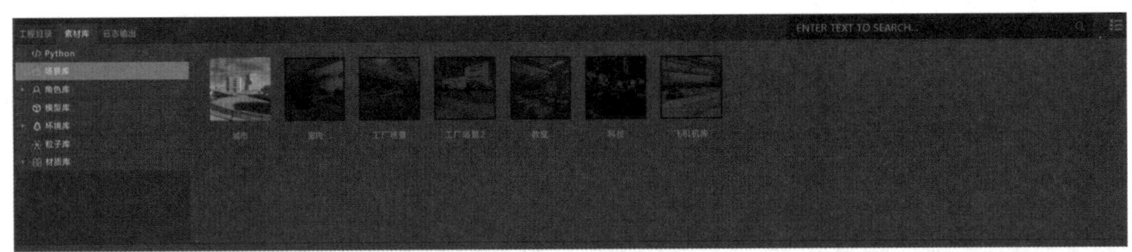

图 5-4　预设资源下载完成

标滑过云端资源时，预设资源图标上方会出现下载提示，如图 5-2 所示。

当用户双击预设资源时，资源图标上方会出现下载进度提示，如图 5-3 所示。

当资源下载完成后，资源图标会和正常本地资源的图标一样，如图 5-4 所示。

一、环境预设

在资源面板中，点击“环境预设”，可以看到软件内置了多个优质的环境，包含室内、自然风景、超市等，该功能能快速搭建出所需要的场景，简化搭建步骤，提升场景环境效果。用户只需任意点击一个环境球并拖入空白场景即可完成环境设置，如图 5-5 所示。

完成设置后，用户可在场景内通过单击鼠标左键拖动已设置完成的环境，调整至最佳观察视角。

提示：环境预设为图片的预设，若想在环境的基础上放置其他模型，建议使用场景预设。

图 5–5　环境预设效果

二、模型预设

在 IdeaVR 中，用户也可自行快速创建简单三维模型，并进行编辑。

在资源面板中，点击“模型预设”，可以看到若干个常用的模型，包含圆锥体、立方体、圆柱体、平面、角椎体、球体。用户只需单击任意一个模型并拖入场景即可，如图 5–6 所示。

导入完成后，双击该模型，或在右侧场景管理器中单机导入模型名称，可选中该模型，通过快捷键 F 即可快速聚焦至该模型，

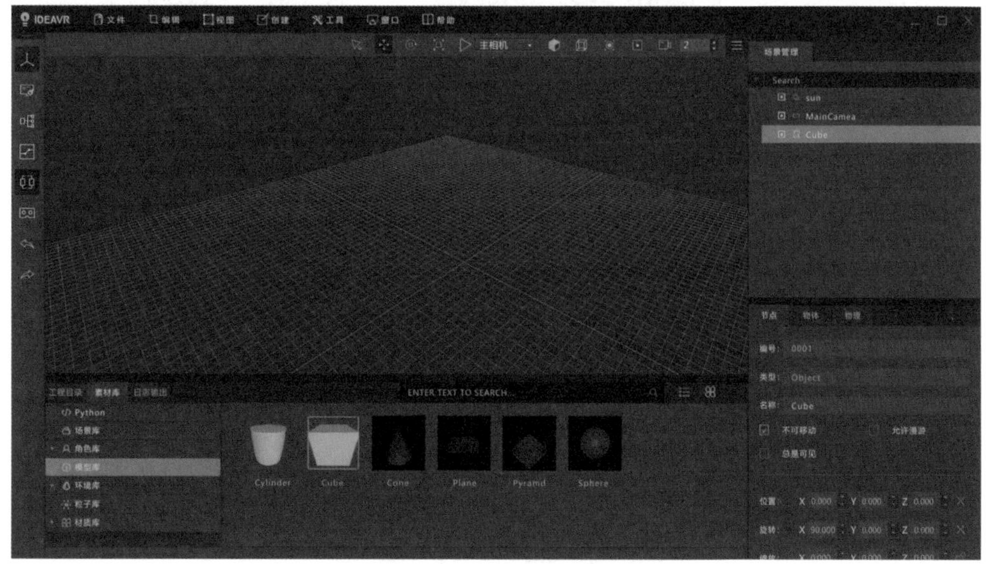

图 5–6　预设模型载入

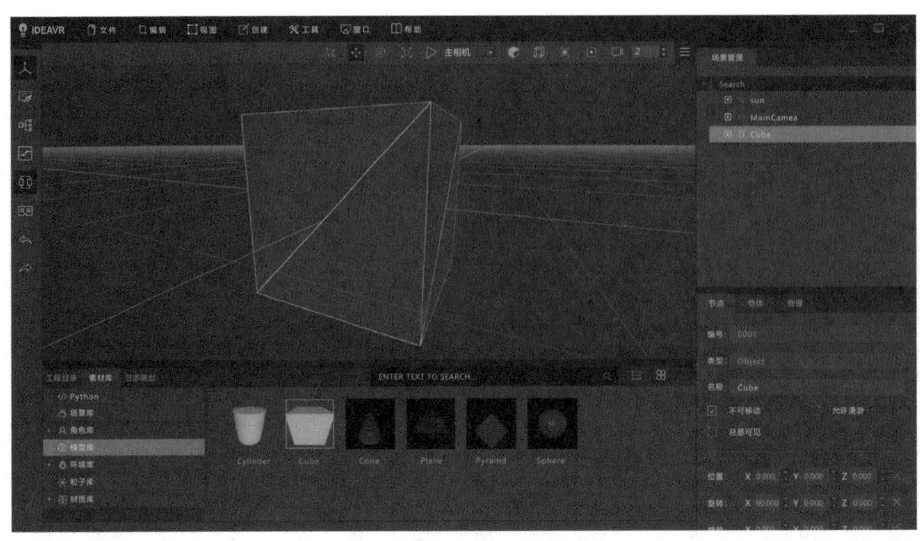

图 5-7　物体聚焦

如图 5-7 所示。

选中模型后，在工具栏中可以选择对应功能进行模型的编辑。

三、场景预设

在资源面板中，单击“场景预设”，可以看到 5 个常用的场景，包含教室、酒吧、机房等。该功能能够快速搭建出基础场景，方便用户丰富场景内容，用户只需将任意一个场景点击拖入空白场景即可完成场景设置，如图 5-8 所示。

完成设置后，可在场景内单击鼠标左键

图 5-8　预设场景效果

拖动已设置完成的环境，调整至符合需求的角度。

四、粒子预设

IdeaVR 提供 4 种粒子：“着火”“爆炸”“电火花”“花瓣雨”。

将粒子拖入场景后，粒子一般是不可见的。在场景管理器中找到对应的粒子节点，切换显隐状态，即可在场景中看到。

五、人物动画预设

IdeaVR 提供了 3 种人物动画，每种人物均有 4 种姿态。

人物动画预设可结合动画编辑器使用，例如人物行走，可通过动画编辑器结合行走的动作编辑其行走的路径，这样该人物就可以在场景中行走。

六、材质预设

IdeaVR 提供 100 种以上的材质，主要包括以下几种：

（1）布类材质球；

（2）金属类材质球；

（3）木纹材质；

（4）墙面类材质球。

使用时，直接将材质拖入场景中，即可赋予节点该材质，同时可通过属性面板调整预设材质的样式。详细参数请参考第七章。

第二节　模型库

在设定好 VR 场景后，我们需要现有的模型，导入后才可进行虚拟现实操作。IdeaVR 软件中拥有自带资源库（3DStore），资源库提供了大量的模型资源。这些免费或收费资源来自全球各地开发者，他们将开发的优质素材放到 3DStore 与其他人分享。在这节将通过下载相关的素材资源来讲解 3D Store 的资源库功能。

单击“帮助”菜单，选择“商店”，单击后进入 3DStore，如图 5–9、图 5–10 所示。

图 5–9　3DStore 启动按钮

图 5–10　3DStore 界面

第六章

命令行说明——场景物体创建

在 VR 环境中经常需要创建场景物体，以丰富 VR 场景，让体验更加有身临其境的感觉。为此，IdeaVR 中还内置了不同类型的资源，丰富场景素材，为搭建场景提供便捷。可创建物体包括节点、相机、草地、布告板、粒子、灯光、多媒体、UI 组件等。

第一节　创建模板

一、创建节点

点击“创建”—“节点”—“空节点”/“引用节点”，如图 6-1 所示。

“空节点”，一般用作父节点使用，或者作为模型的一个支点。“引用节点”，用于提高场景加载速度、批量修改参数。

二、创建相机

相机为实物仿真中以人的视角创建的节点，可调节位置观看不同的视角，并通过旋转、拉伸、调节高度来实现你想要看到的视角。点击“相机”节点可预览相机效果，如图 6-2、图 6-3 所示。

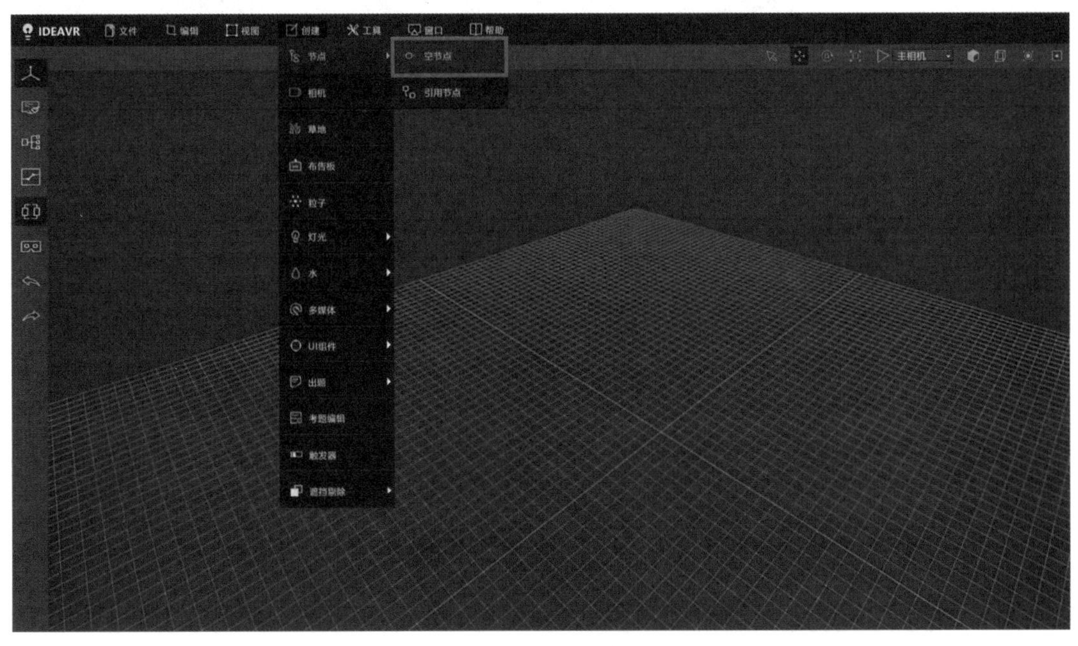

图 6-1　创建空节点

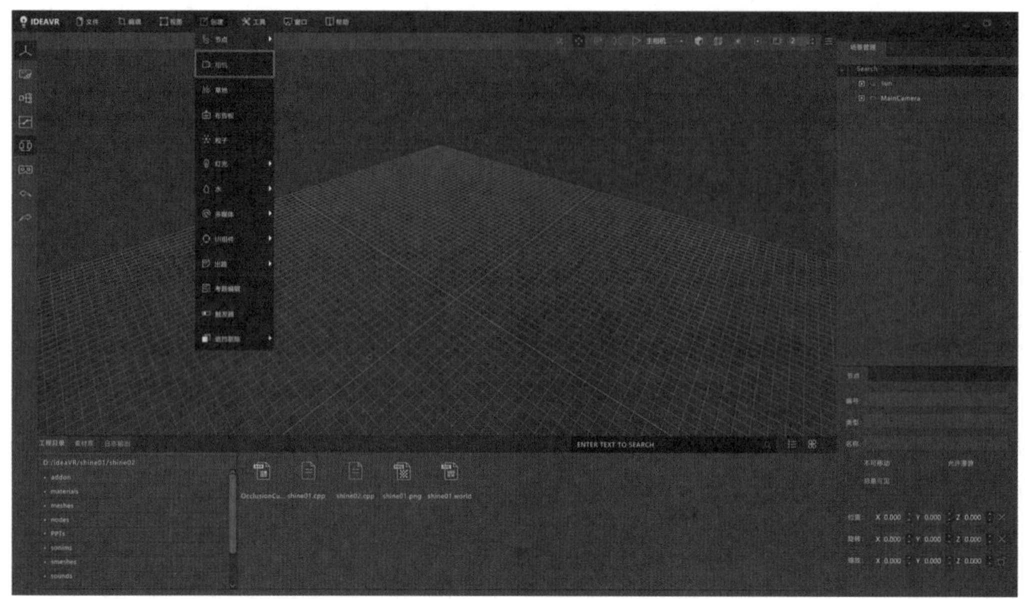

图 6-2　创建相机

图 6-3　打开相机预览视图

三、创建草地

选择创建草地命令，创建一个草地节点，如图 6-4 所示。

点击“草地”节点，可在此属性界面修改草地长度、宽度、密度等参数，如图 6-5 所示。

图 6-4 创建草地

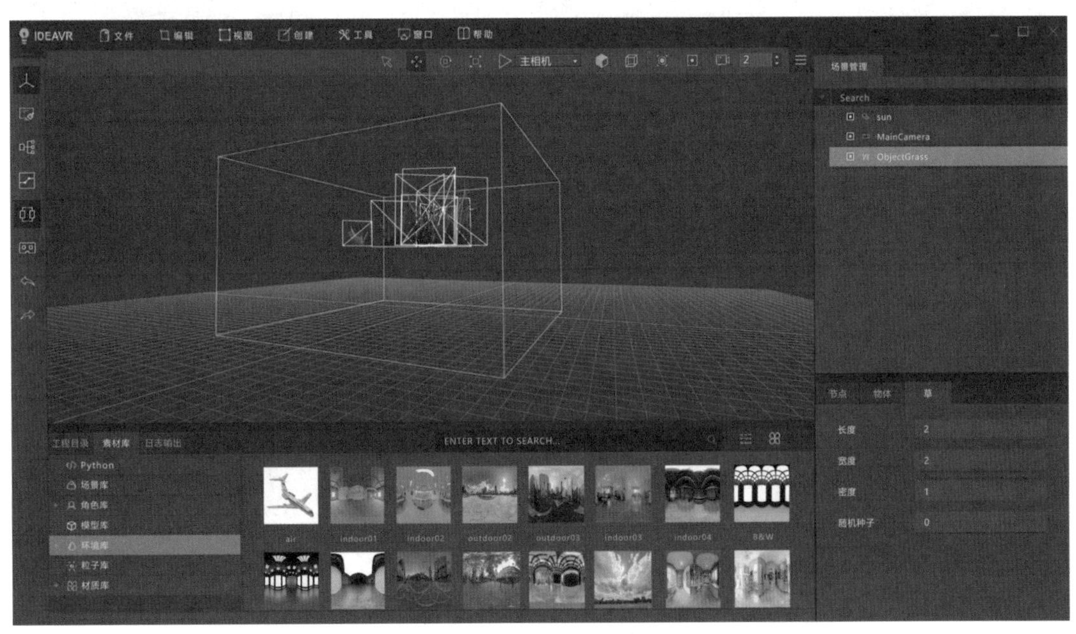

图 6-5 草地参数调节

四、创建布告板

本节点为创建布告板。可在软件内创建此节点来模拟布告板物体，如图 6-6 所示。

打开“布告板”，可在此界面修改布告板长度、宽度等参数，如图 6-7 所示。

图 6–6　创建布告板

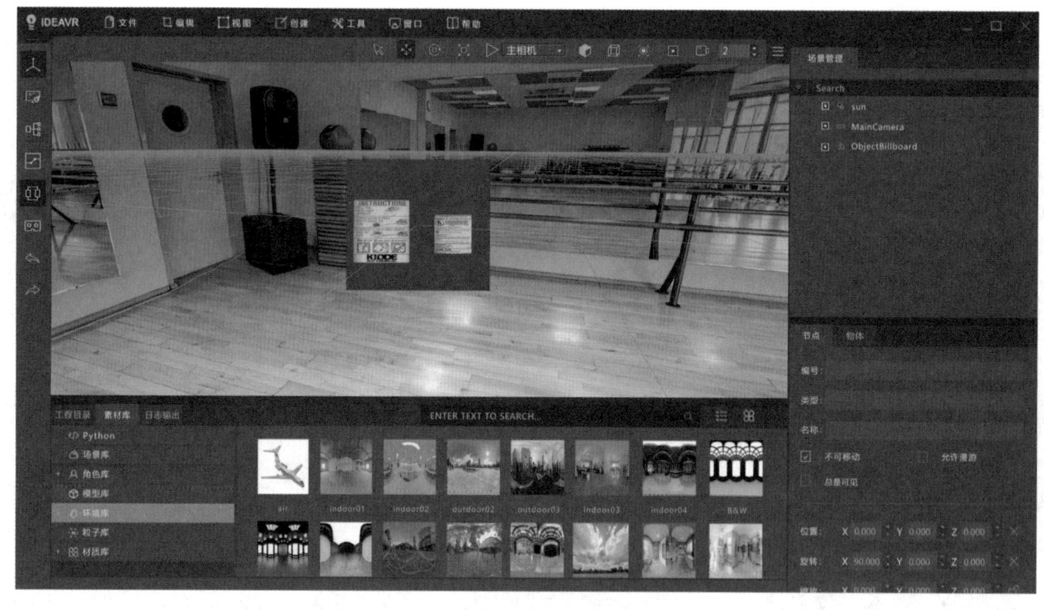

图 6–7　布告板效果及参数调节

五、创建粒子效果

粒子特效是指模拟现实中的水、火、雾、气等效果。其原理是将无数单个粒子组合，使其呈现出固定形态，借由控制器、脚本来控制其整体或单个的运动，模拟真实的效果，如图 6–8 所示。详情可见第十章。

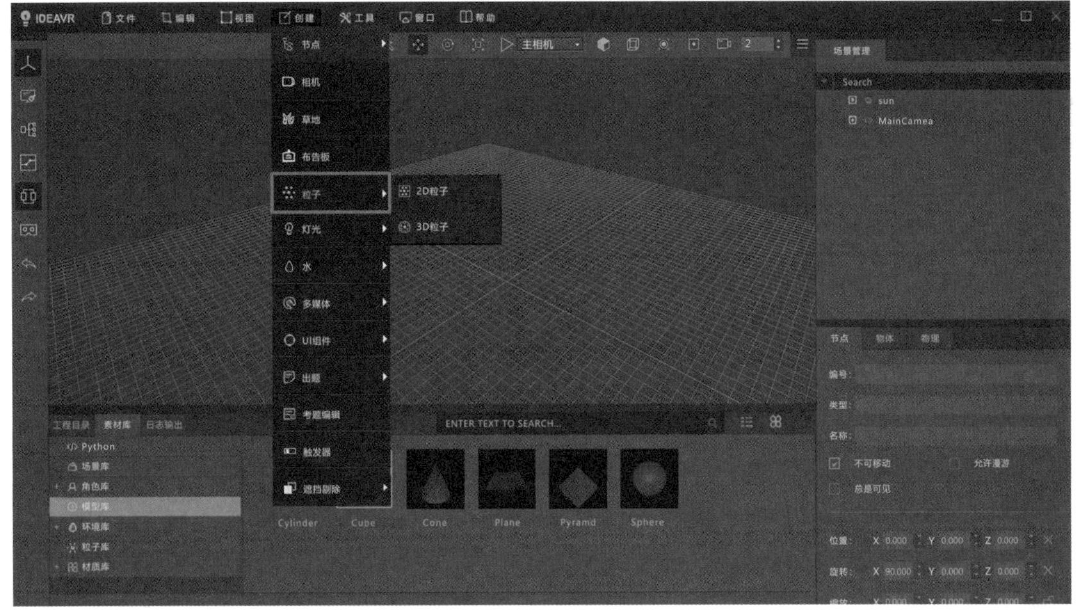

图 6–8 创建粒子

通过 IdeaVR 引擎的粒子系统能够实现丰富多样的视觉效果，图 6–9 所示为火焰效果，图 6–10 所示为花瓣飘落效果。

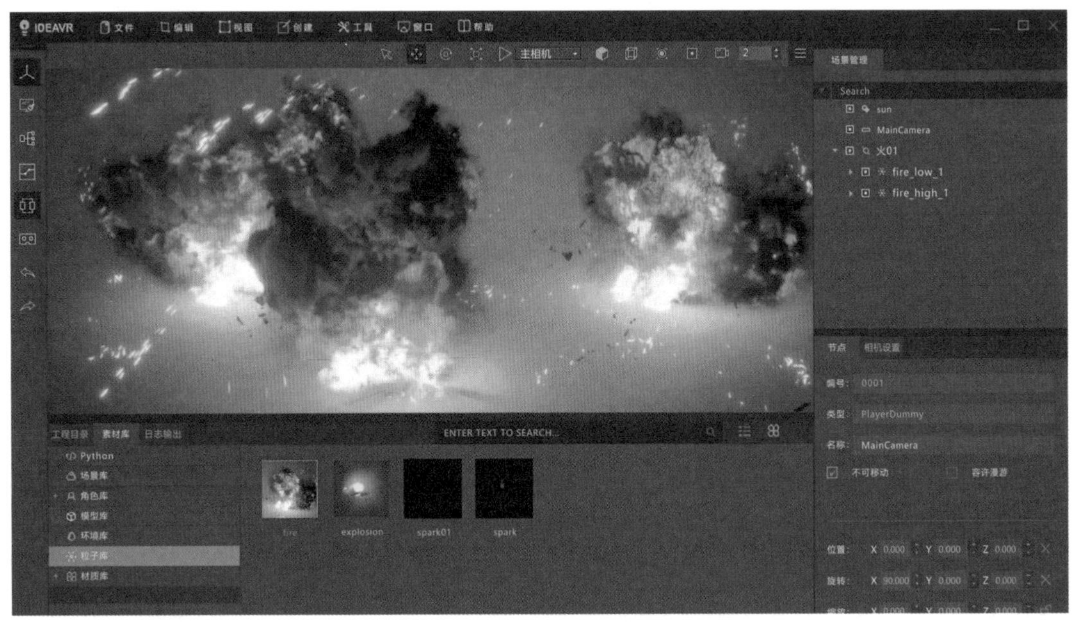

图 6–9 火焰效果

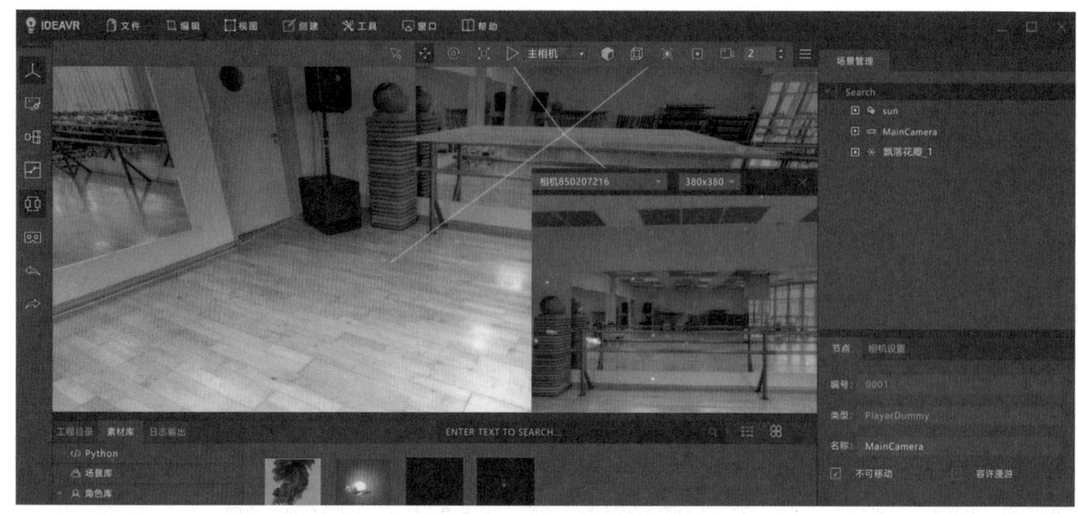

图 6-10　花瓣飘落效果

六、创建灯光效果

光源是每个场景的重要组成部分，因为光源决定了场景环境的明暗、色彩和氛围。合理使用光源可以创造完美的视觉效果。灯光效果分为四种：“点光源”“聚光灯”“泛光灯”“平行光”，如图 6-11 所示。

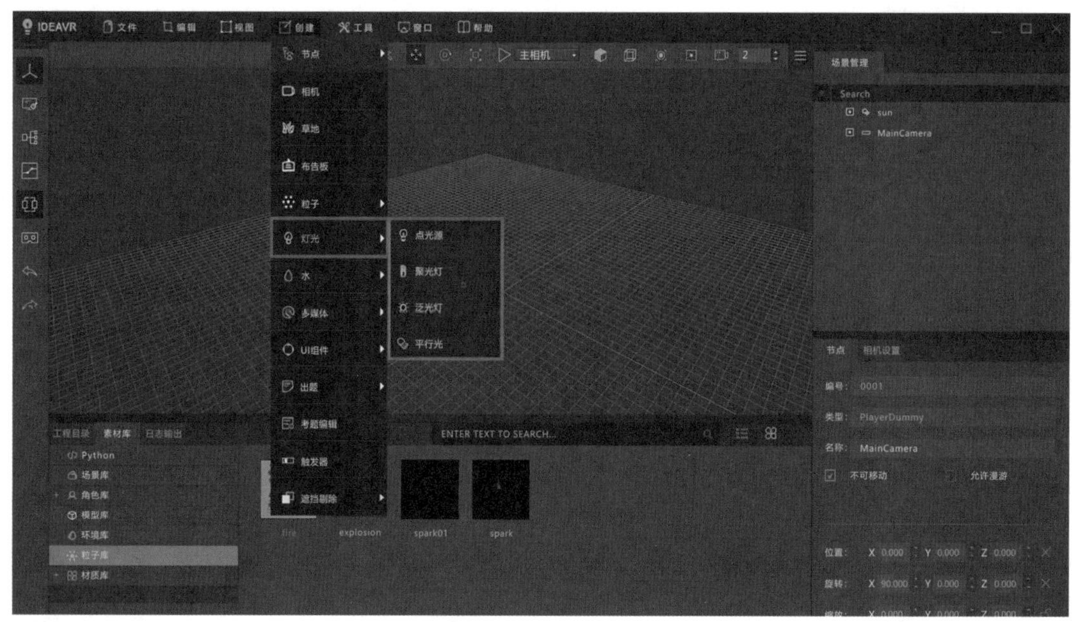

图 6-11　创建灯光

七、创建水效果

水元素是自然环境的重要组成部分，人类的生存、发展必然依赖于水。水元素节点是创建场景中经常被需要的节点，添加它更能充实场景的完整性，增强真实性，如图6-12所示。IdeaVR包含两种水元素节点，分别为“水面”“网格水面”，如图6-13、图6-14所示。

网格水面效果支持.Mesh格式的模型转

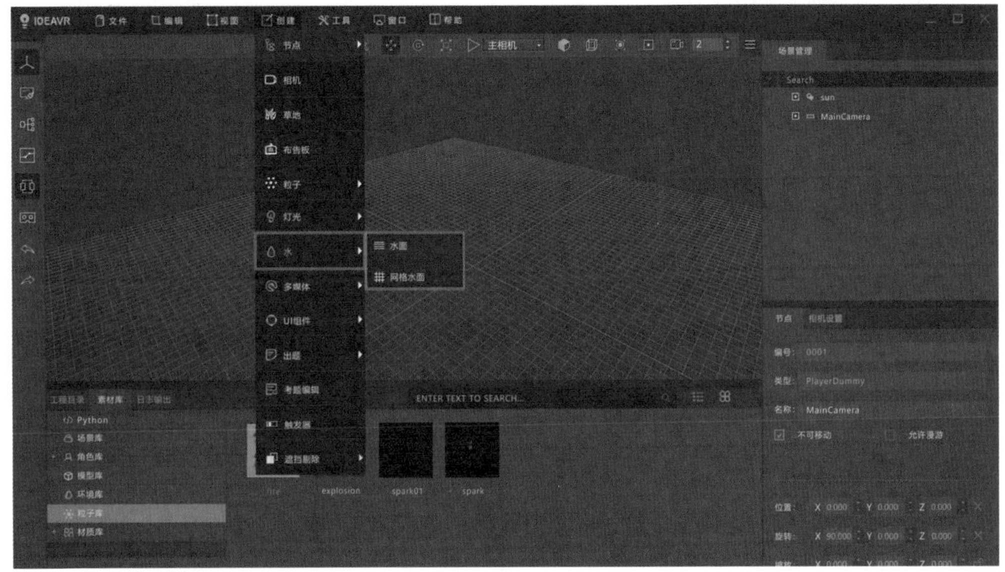

图6-12 创建水

图6-13 创建水面效果

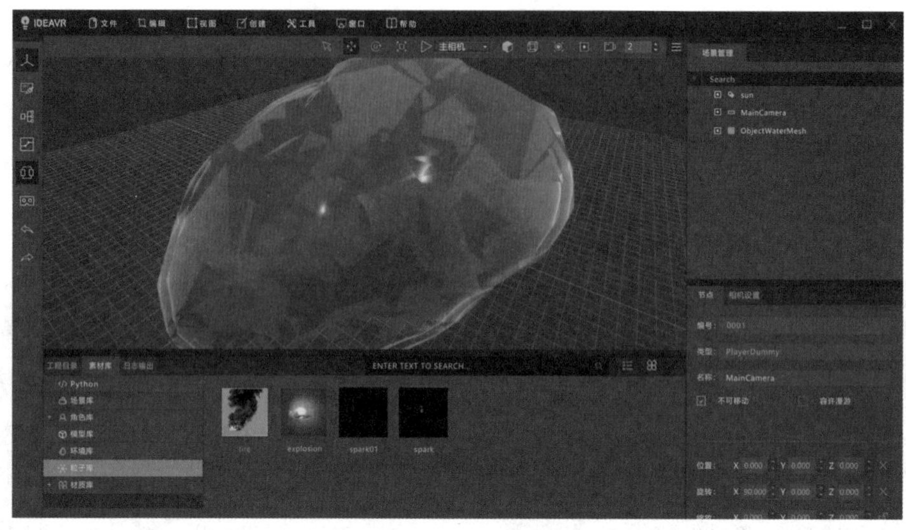

图 6-14 创建网格水面效果

换（会创建一个和模型形状一样的水体），如图 6-14 所示。

八、创建多媒体效果

多媒体技术专指在电脑程序中处理图形、图像、影音、声讯、动画等的电脑应用技术。IdeaVR 包含四种多媒体效果：“音频”“视频”“幻灯片”“Flash”，如图 6-15 所示。

九、创建 UI 组件效果

用户界面组件（User Interface Module，简称 UI 组件）就好像网页和手机上一些用来给用户操作的界面零件。它包含了这样一

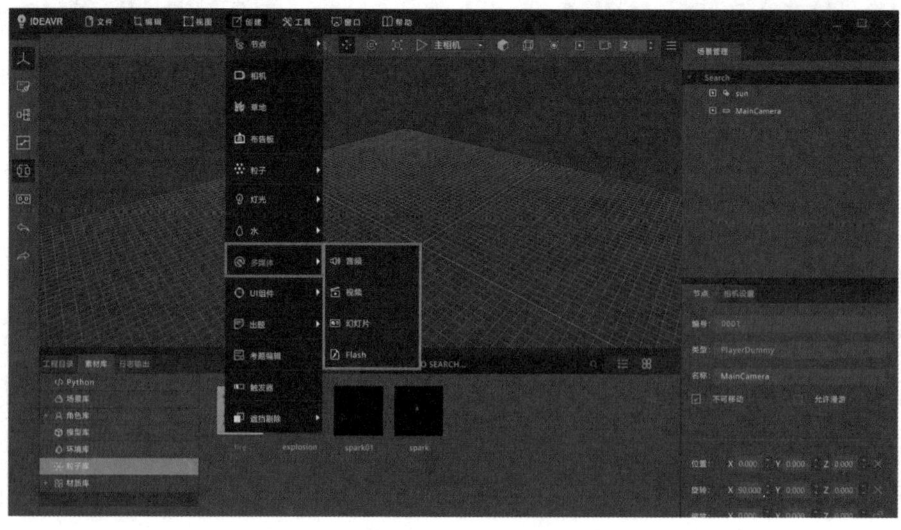

图 6-15 创建多媒体

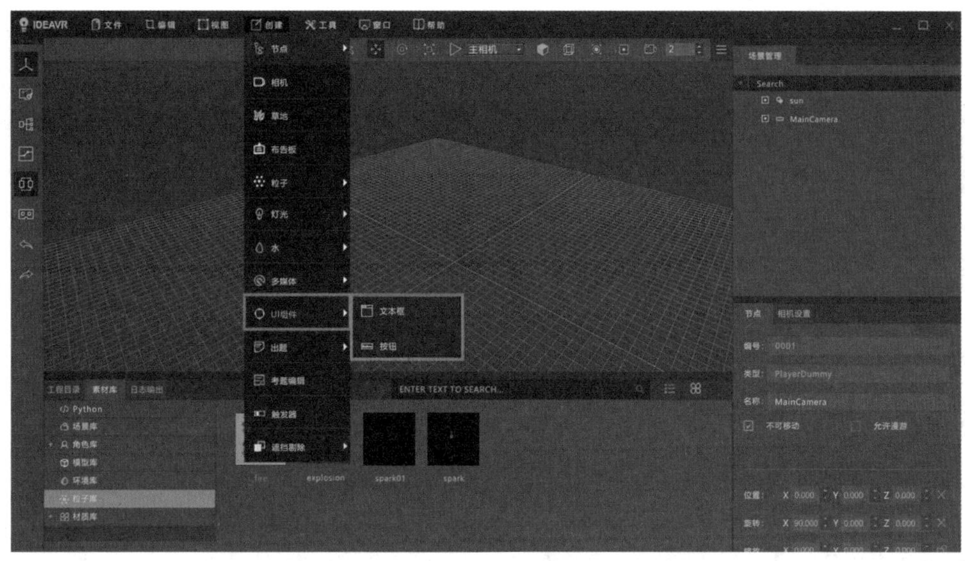

图 6–16　创建 UI 组件

个或几个具有各自功能的组合，最终完成了用户界面的表示。UI 组件包含：“文本框”“按钮”，如图 6–16 所示。

点击“文本框”可修改文本属性，修改文字内容、字体颜色、大小、间距等，通常可作为场景中提示面板存在，如图 6–17 所示。

点击“按钮”可修改按钮皮肤，可绑定触发动画（单击“按钮”则按钮属性中动画地址的动画开始播放），可修改按钮字体大小、颜色、间距，可修改触发范围等。通常可在场景中模拟物体的触发按钮等效果，如图 6–18 所示。

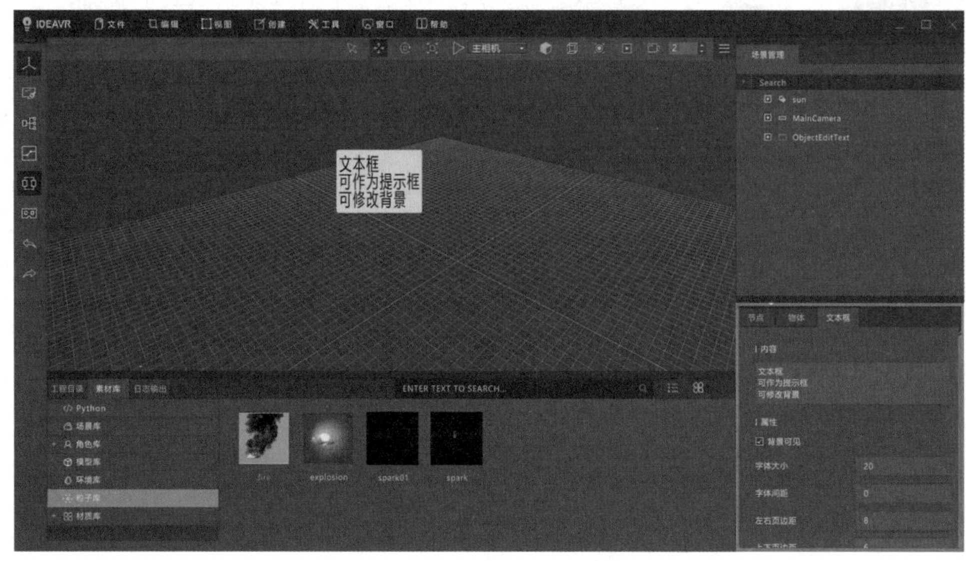

图 6–17　“文本框”属性调节

图 6–18 创建按钮

十、出题

用户可根据自身选择来随意设定题目内容，以供课下制作练习，如图 6–19 所示。

使用“考题编辑”创建出单选、多选及判断题库，使用“常规题”功能导入该题库到场景中，如图 6–20 所示。

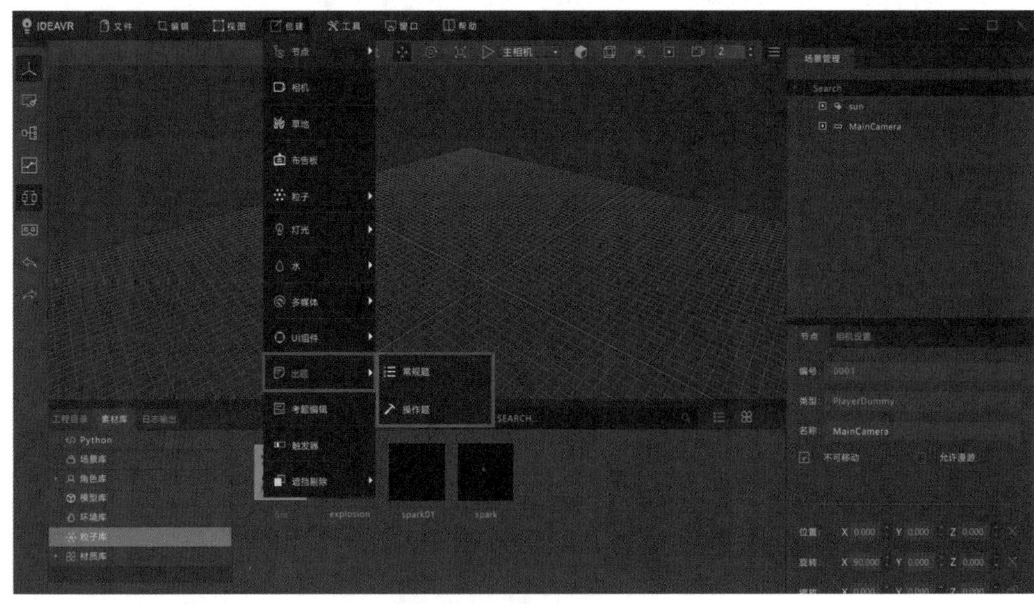

图 6–19 出题

图 6-20 “常规题”界面

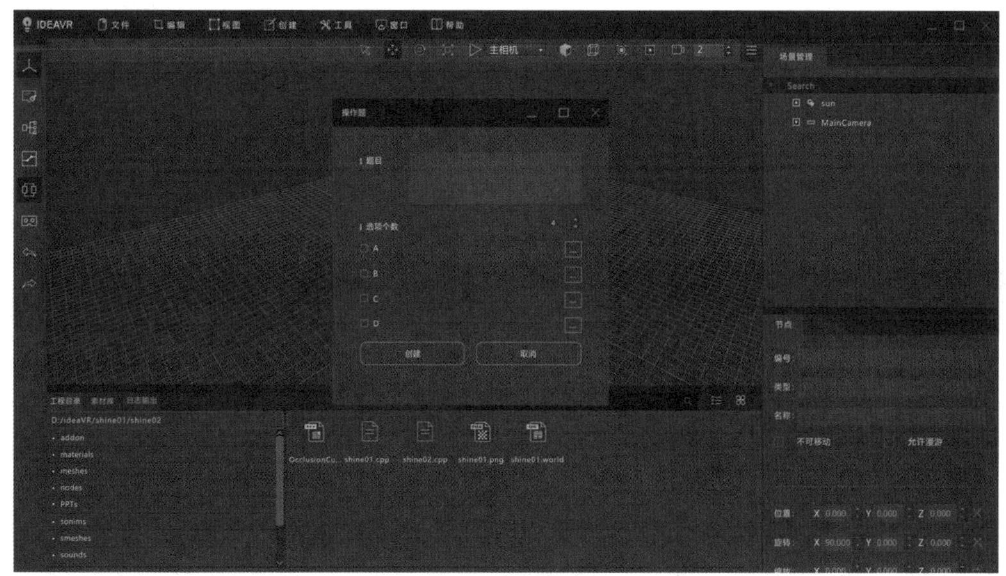

图 6-21 “操作题”界面

单击“操作题”创建出操作题，如图 6-21 所示。

十一、创建考题编辑效果

用户可根据课堂授课教程来编辑考题，供学生在 VR 环境中使用，如图 6-22 所示。

十二、创建触发器

触发器是在场景中规划一个指定区域，作为交互触发的方式之一。可在属性栏修改

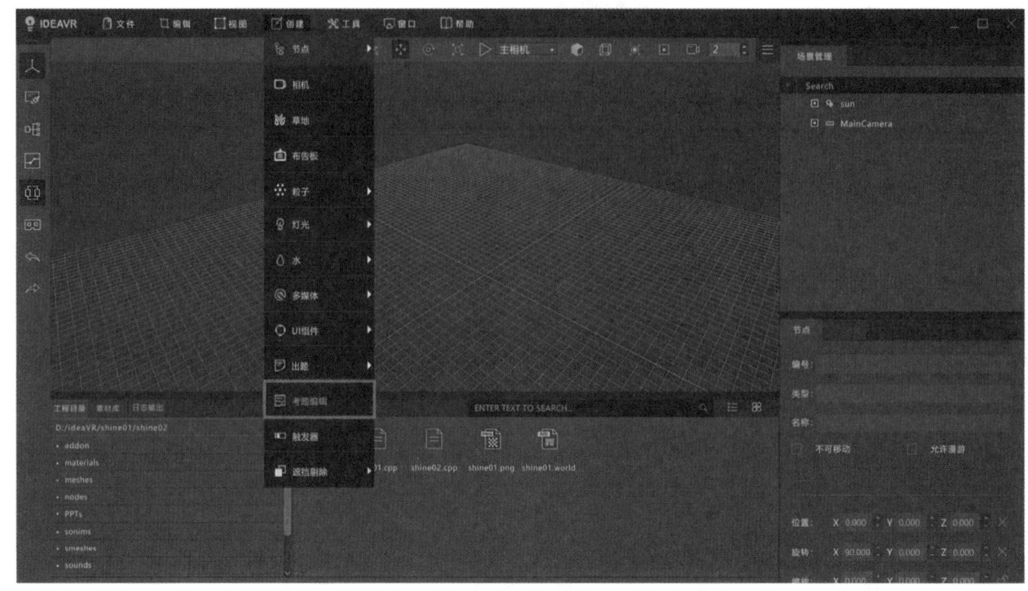

图 6-22　考题预先编辑

此触发器的条件（进入触发、接触触发），如图 6-23、图 6-24 所示。

十三、创建遮挡剔除效果

遮挡剔除技术是指当一个物体被其他物体遮挡住而相对当前相机不可见时，可以不

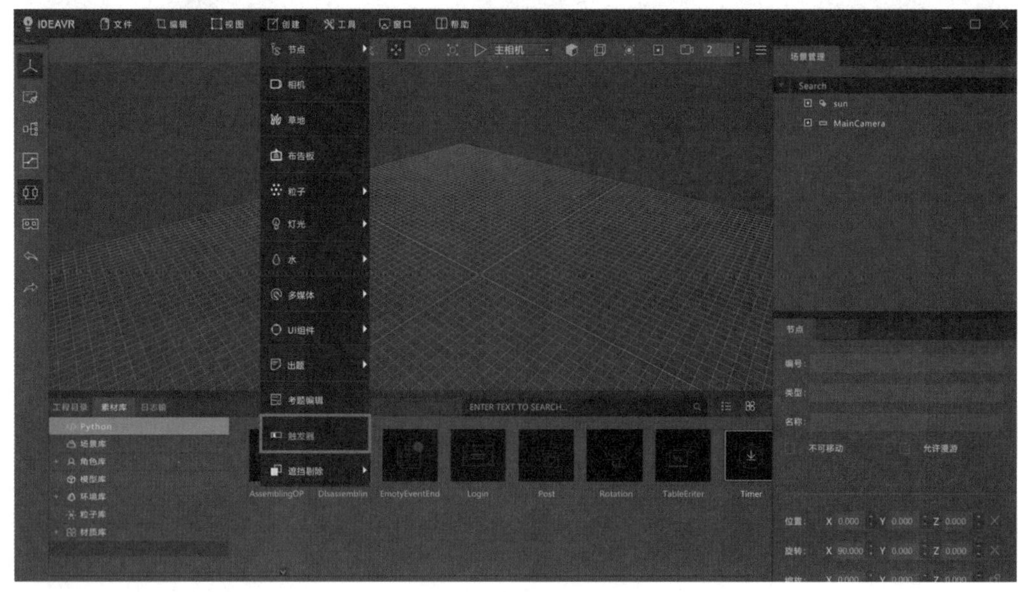

图 6-23　创建触发器

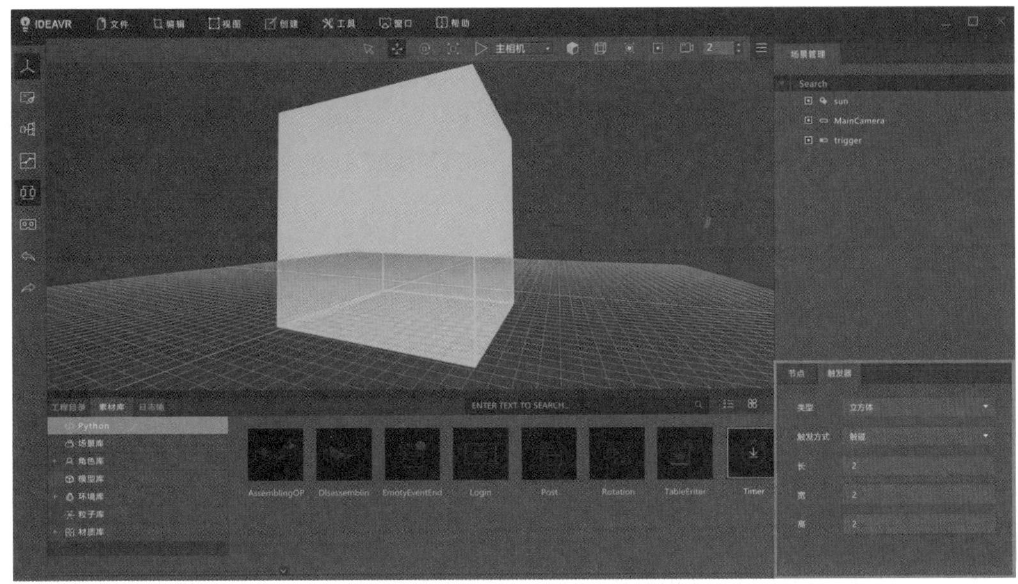

图 6-24　触发器效果及参数设置

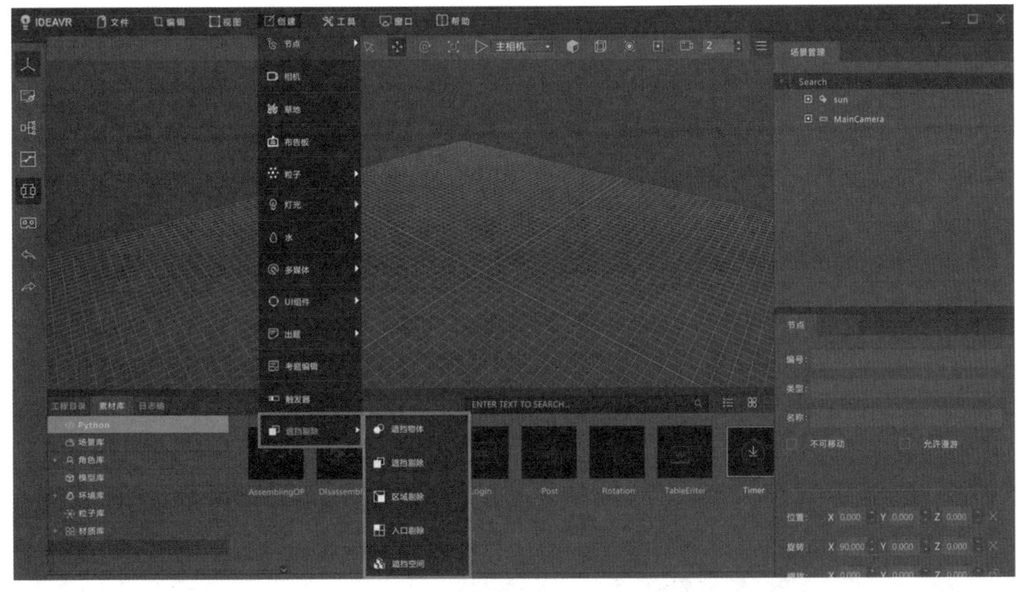

图 6-25　创建遮挡剔除

对其进行渲染。IdeaVR 提供四种遮挡剔除技术供用户选择，分别为“遮挡物体”“遮挡剔除”“区域剔除”“入口剔除”“遮挡空间”，如图 6-25 所示。

第二节　教学考练模块

IdeaVR 创世的教学考练模块包括多媒体

模块和考试系统两大功能。此模块将传统教学方式和 VR 教学方式完美地结合起来，形成 IdeaVR 软件独有的教学考练为一体的应用功能。

一、多媒体模块

在使用虚拟现实技术进行展示或教学时，用户往往需要对某些重要的原理展示内容进行重点展示、讲解，但又不好通过 VR 技术来反映，这部分内容使用传统的展示或教学方式的效果会更好，如应用幻灯片（PPT）、视频、音频等多媒体形式。因此，为了保留传统的展示、教学方式的优势，在 IdeaVR 中专门设立的多媒体模块，可以一键导入幻灯片（PPT）、视频、音频、Flash 等多媒体内容，同时结合 VR 技术，达到更加方便快捷的展示、教学效果。

在 IdeaVR 引擎中导入多媒体文件，首先要打开 IdeaVR 软件，单击“菜单”，选择“创建”功能，再选择“多媒体”，其中“多媒体”包括：“音频”“视频”“幻灯片（PPT）”“Flash”四大类，如图 6-26 所示，我们可以选择对应的多媒体文件进行导入。

二、导入音频

在 IdeaVR 中，通过多媒体模块可以实现快速导入音频文件，同时通过交互编辑器对音频文件进行交互逻辑设定，在预览模式下播放。将对导入音频进行详细介绍。

1. 支持音频格式

IdeaVR 支持多种格式的音频，包括：.mp3、.ogg、.wav，以下为导入的具体过程。

单击“菜单”，选择“音频”，然后弹出如图 6-27 所示的窗口。

先看右下角的音频格式下拉框，显示出软件支持的三种音频格式，这里打开的是 .mp3 格式的文件。

可双击打开音频文件，也可单击选中音

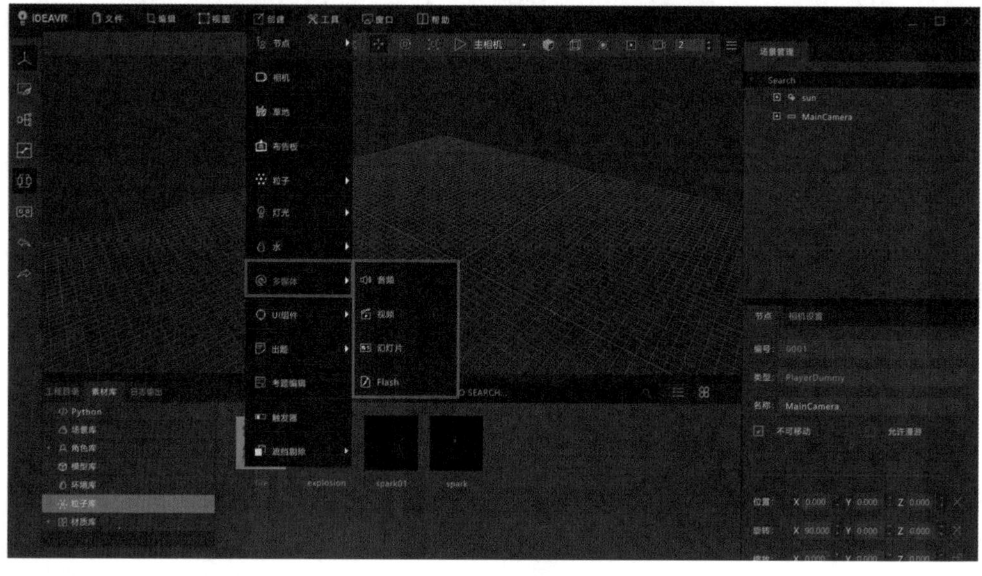

图 6-26　多媒体创建

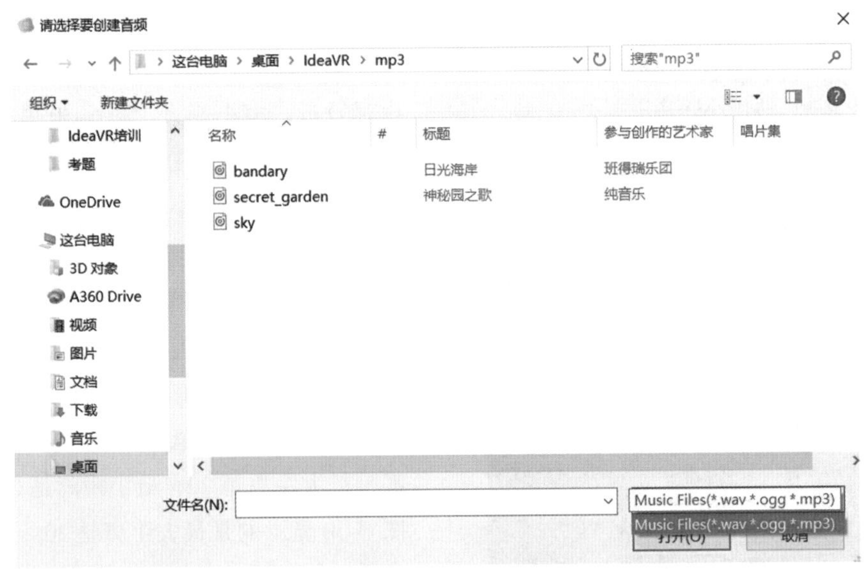

图 6–27　导入音频

频文件再点击图 6–27 所示的右下角的“打开”按钮，成功导入音频文件后软件窗口如图 6–28 所示，右侧场景管理显示“music1”音频节点，场景预览窗口里显示音频的包围盒，场景只要是在该包围盒里都可以听见声音，当播放声音文件时，如果出现无法听到声音的情况，就要检查当前声音源的覆盖半径。

2. 音频播放属性

声源属性栏如图 6–29 所示，第一栏显

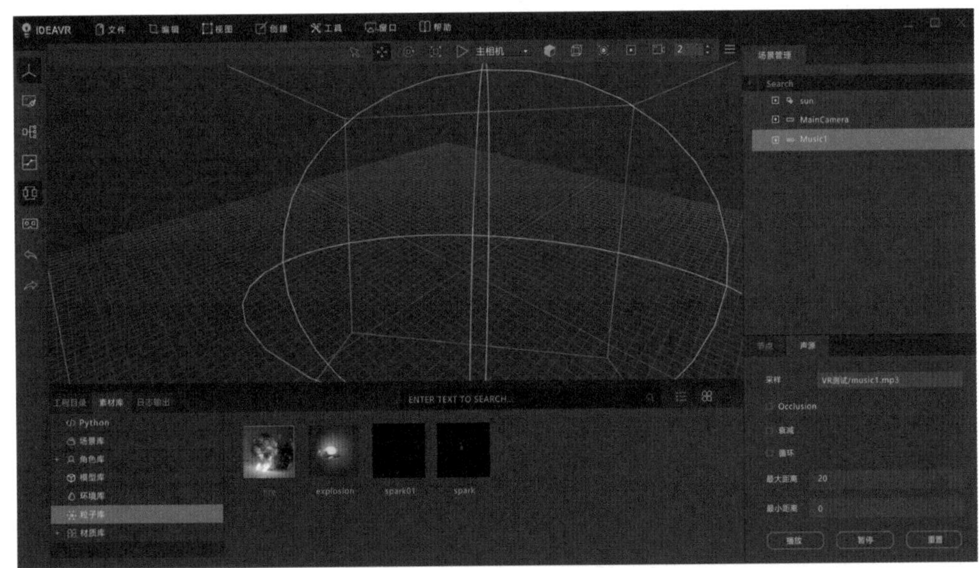

图 6–28　导入音频后的显示界面

示的是该音频文件在本机的存放路径，接下来的几点分别是“Occlusion”“衰减”“循环”“最大距离”“最小距离”。

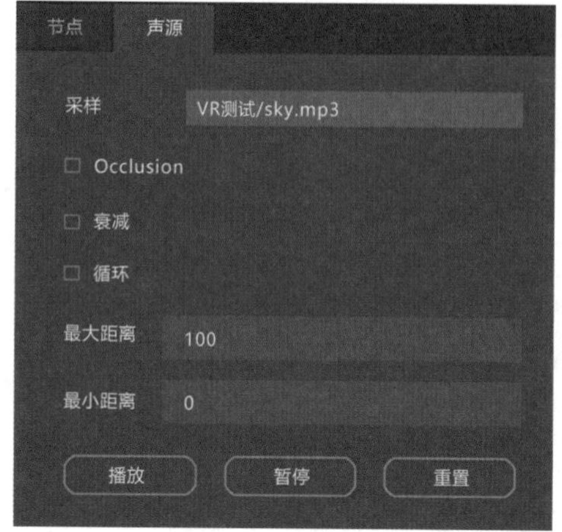

图 6–29　音频参数调整

“Occlusion”：阻塞音响，还原场景真实音效，利用障碍物对声波的阻塞精确再现真实环境音效，如经过不同材质的墙体反射后的声波会产生不同的音效，从不同角度传来的声音也会得到不同的感受（一般只有比较高级的耳机能够听出不同）；

“衰减”：该选项可实现声音随着距离的由远及近、由小变大，图 6–30 里显示音频是个包围圈，那么在包围圈的边界处和在中心处听到的声音大小是不一样的，存在着由近及远的递减，贴合现实场景；

“循环”：勾选该选项，可实现音频在场景里的循环播放；

“最大距离”和“最小距离”：实现的是音频包围圈包围的范围。以上场景里显示的都是最大距离是 20，最小距离是 0 的范围。图 6–30 显示的是最大距离是 30，最小距离是 5 的包围盒，那么音频的播放范围就是大于 5 且小于 30 的包围盒范围，在小于 5 的范围内是无法听到音频的。

图 6–29 里显示的“播放”“暂停”“重置”三个按钮是控制编辑端对音频的操作的，需要注意的是对音频的操作一定要在包围盒范围内，即相机主视角需要移动到范围里面。

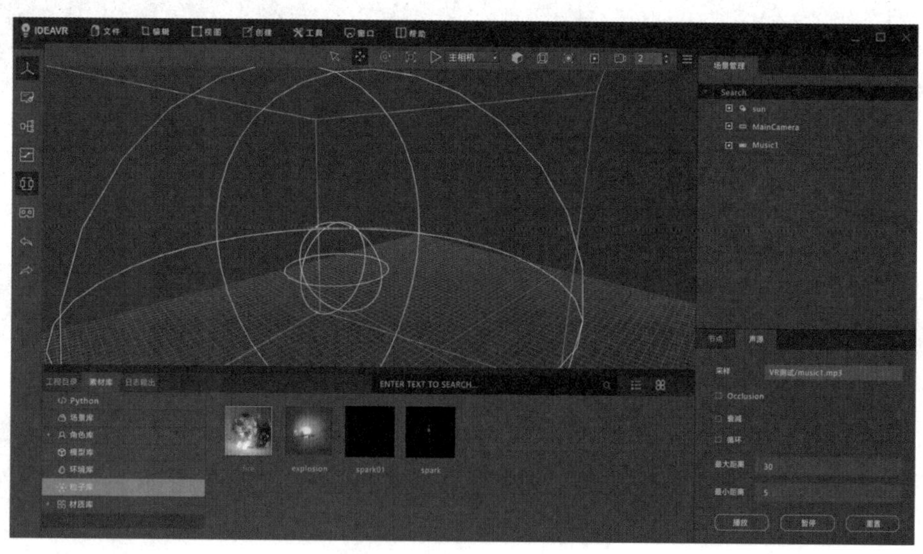

图 6–30　显示范围调整

图 6-31　音频播放制作

3. 音频特效制作

音频也是可以创建出不同效果的，通过动画编辑器，可以对音频进行如图 6-31 所示的“play”（播放）、“pitch”（音调）、“gain”（增益）、“minDistance”（最小间距）、“maxDistance”（最大间距）等操作。首先创建音频动画就需要播放出声音，所以选中“play”播放动画，在弹出的节点选择框中选择音频节点“BINGBIAN”。

得到图 6-32 所示的动画，关键帧栏里的高亮表示音频为播放状态，再给音频添加音效动画，选中“pitch”（音调）（见图 6-33）创建出如图 6-34 所示的动画。

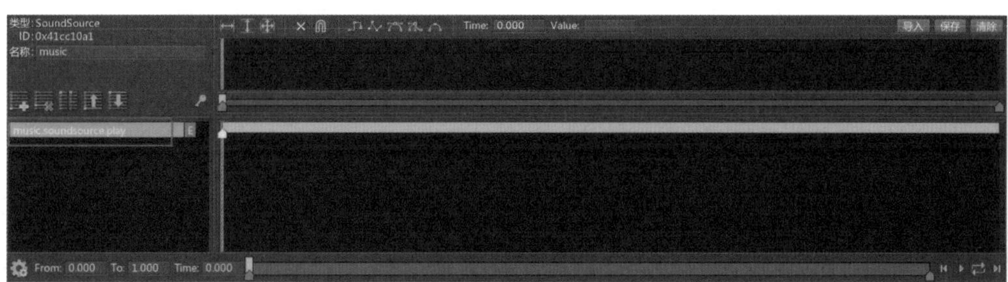

图 6-32　音效动画展示

图 6-33　音频音调制作

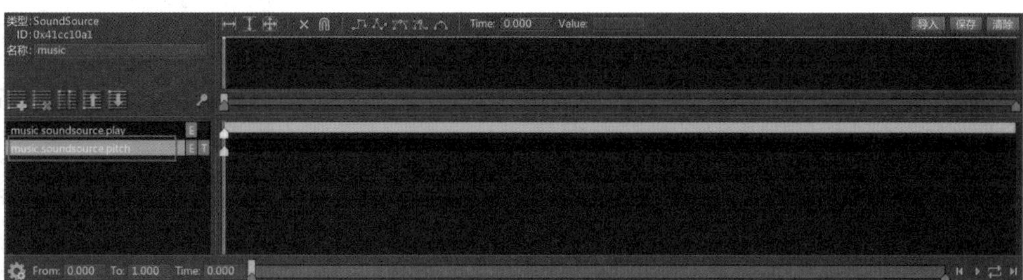

图 6-34　音效动画展示

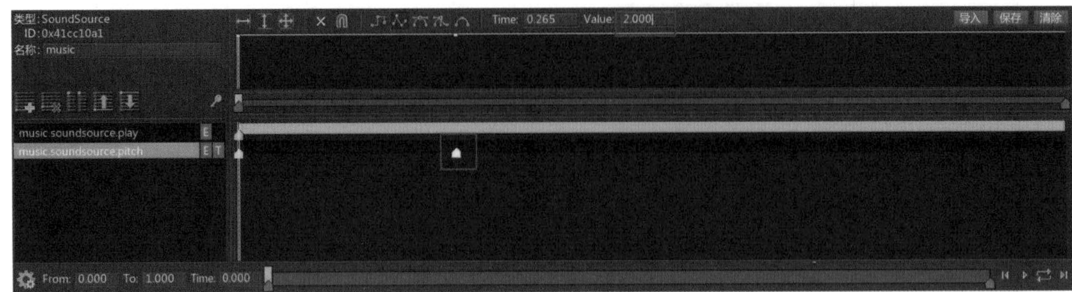

图 6–35　音效关键帧 1

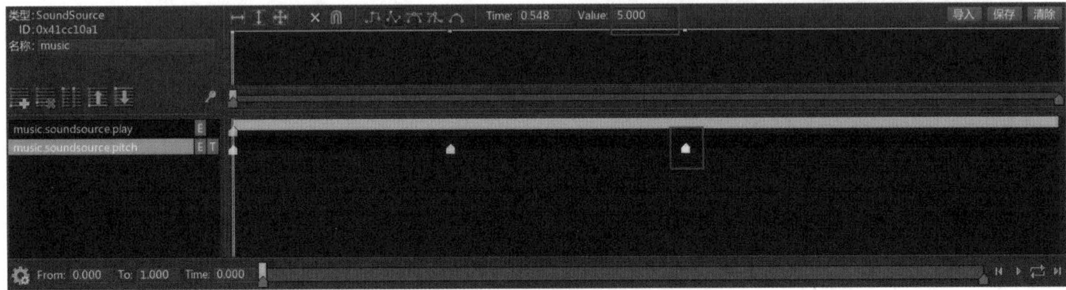

图 6–36　音效关键帧 2

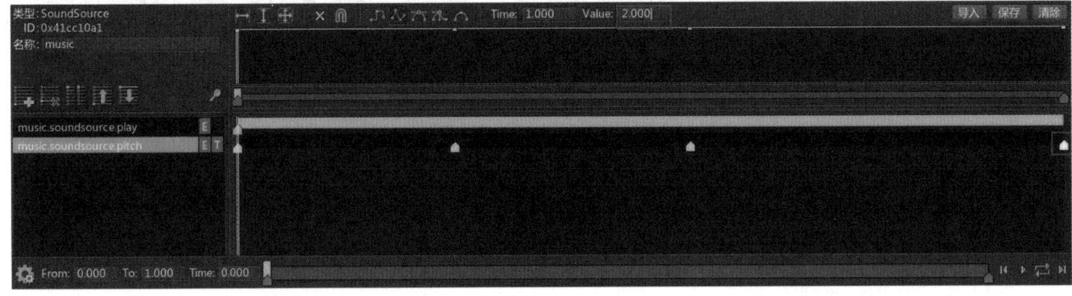

图 6–37　音效关键帧 3

分别给音效添加关键帧，如图 6–35、图 6–36、图 6–37 所示，这里添加的三个关键帧分别为 2、5、2，播放出来的声音会随着设置的数值逐渐加快至 5，最后再变缓趋近于 2。

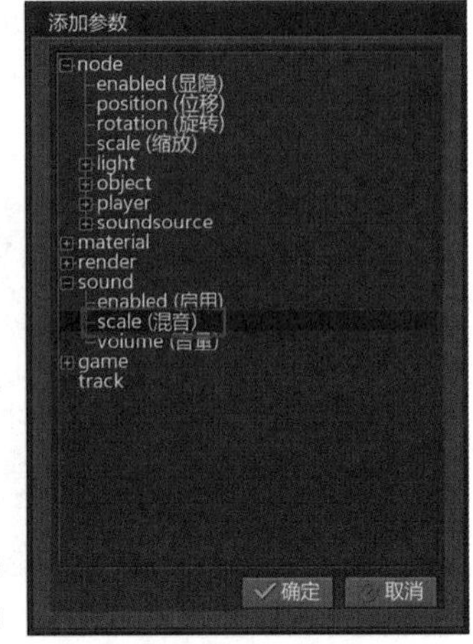

图 6–38　scale 混音制作

音频动画还有一部分不在动画编辑器“node”下拉栏里，如图 6–38 所示，导入“scale（混音）”，播放方式还是相同的，得到如图 6–39 所示的效果。

下面的音效制作同理，这里的最小距

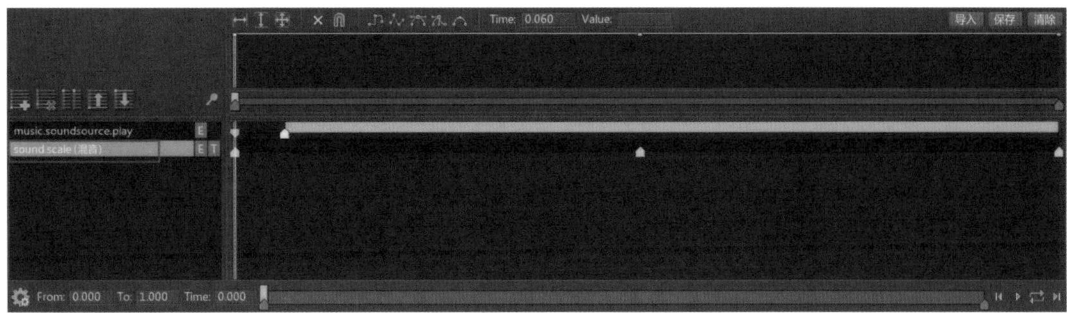

图 6-39　scale 混音动画

离、最大距离的动画设置也是可以创建动画的，通过动画创建出范围的远近伸缩变换过程，如图 6-40 所示，最小距离由原先的 5 放大到 20，如图 6-41 所示，最大距离由原先的 20 放大到 50，动画音效创建完成后保存至工程文件里，命名 111.tracker，也可点击右下角的三角形预览，听一下自己制作的音频特效。

这里主要以拖动的方式进行交互编辑器的创建。

三、导入视频

在 IdeaVR 中，通过多媒体模块可以实现快速导入视频文件，同时通过简单的编辑将导入完成的视频放置在合适的位置以及可以预览已编辑的内容。视频的导入与前面章节中音频的导入有许多相似之处，下面将进行具体说明。

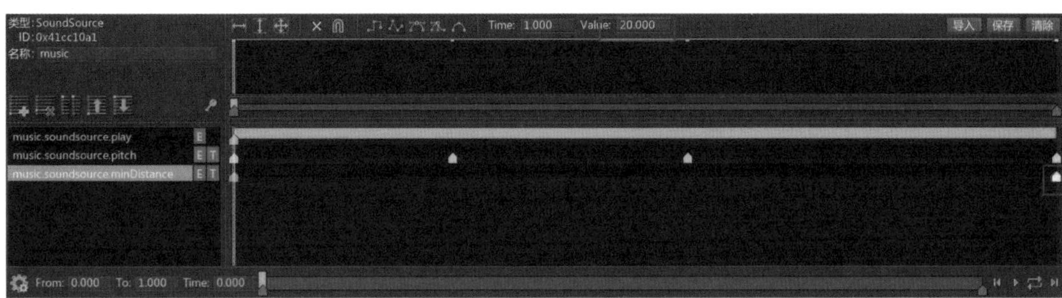

图 6-40　修改声音的最小距离

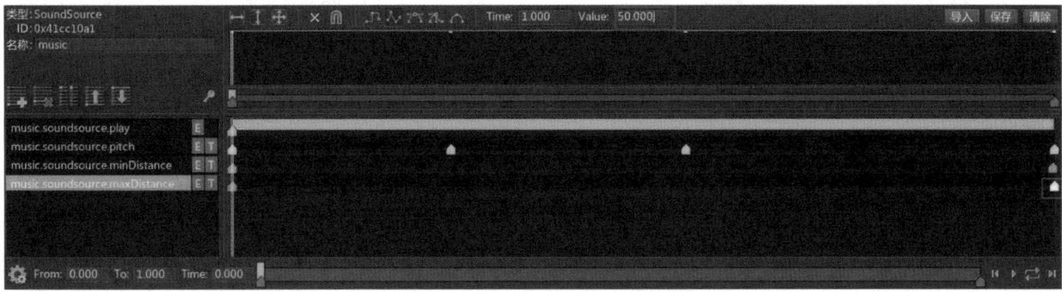

图 6-41　修改声音的最大距离

1. 支持视频格式

IdeaVR 支持多种格式的视频包括：.avi、.mkv、.mov、.mp4、.mpg、.ogv、.wmv。以下为视频格式导入的过程：

（1）点击“菜单”，选择“视频导入”，弹出如图 6–42 所示的窗口。

（2）选择要导入的视频，导入后如图 6–43 所示。

2. 视频属性及特效

导入视频节点后，视频属性如图 6–44 所示。

通过视频属性面板可见与音频的相似之

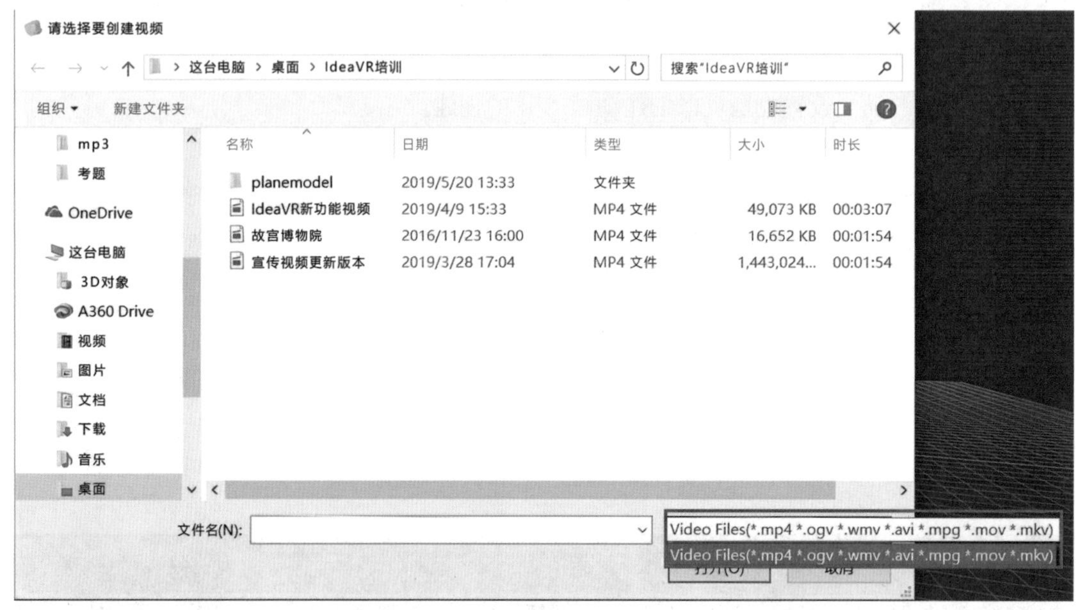

图 6–42　视频导入兼容格式

图 6–43　视频导入效果

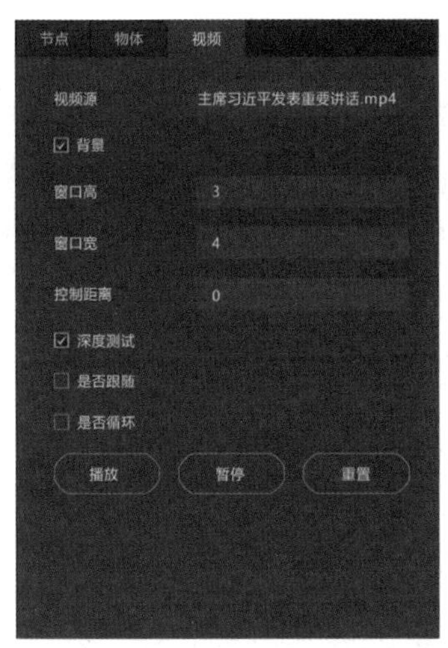

图 6-44　视频参数调节

处，视频节点存在背景的显示，所以有背景的宽和高，图 6-44 是高宽分别为 3、4 的大小，可进行参数调节。

（1）“深度测试”：勾选该选项后即进行深度测试。

（2）“是否跟随”：勾选该选项后，无论视角怎么旋转，视频界面一直是面向使用者的。

（3）“是否循环”：勾选该选项后视频一直是循环播放的。

四、PPT 在教学场景中的应用

在 IdeaVR 中，通过多媒体模块可以实现快速导入幻灯片，同时通过简单的编辑将导入完成的幻灯片放置在合适的位置以及可以预览已编辑的内容。下面我们以 PPT 导入为例，进行具体说明。

1. PPT 格式及属性

打开 IdeaVR 软件，点击菜单，选择“导入幻灯片”后，会弹出选择导入幻灯片的路径界面，在该界面右下角有提示所支持的 PPT 格式，如图 6-45 所示当前软件版本支持

图 6-45　PPT 导入

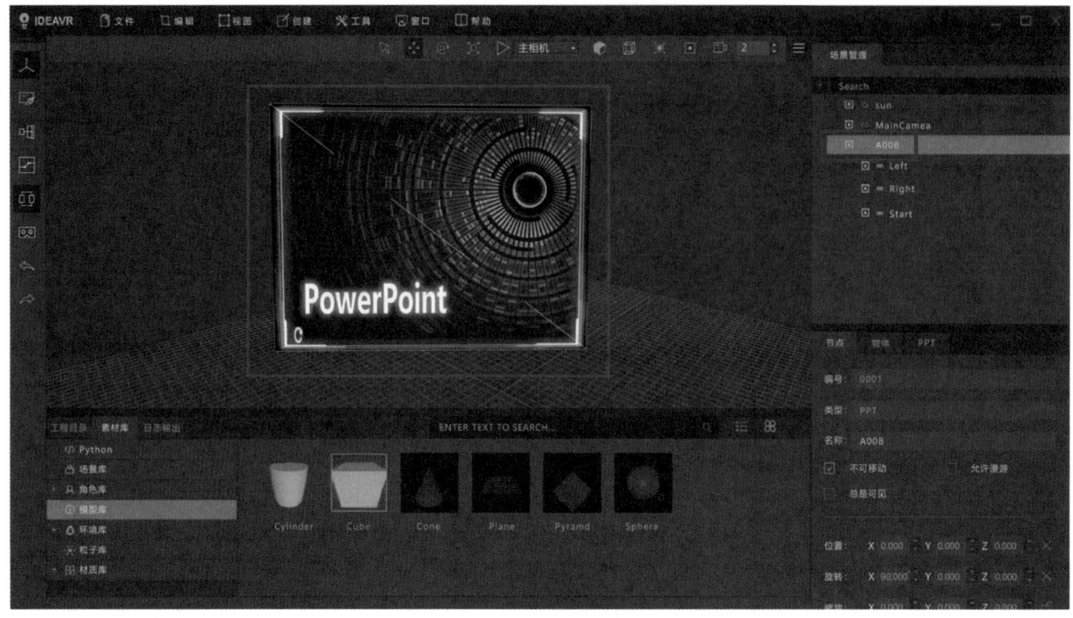

图 6-46　PPT 节点设置

主流的 .pptx 格式。

目前主流的 Microsoft office 版本有 2007、2010、2013，WPS 版本的办公软件也可制作 .pptx 格式的幻灯片。

选择需要导入的 PPT，点击“打开”，导入 PPT 至场景视口中，会在场景管理器中显示一个 PPT 节点，如图 6-46 所示，可以在场景中对幻灯片的位置、旋转和缩放信息，根据场景需要进行修改。需要注意的是，移动摆放幻灯片的时候一定要选择父节点，否则按钮移出后，无法翻页。

该 PPT 节点包含三个子节点，分别为“left”“right”“start”。这三个子节点是 PPT 的三个按钮节点，控制着 PPT 的翻页和重置功能。如图 6-47 所示，红色标识位置为按钮默认所在位置，若需要修改按钮位置以及相关属性，可在场景管理器中选中需要修改的按钮，然后在属性面板选择按钮属性，进行修改。由于这三个默认按钮的属性为不显示背景，所以在导入 PPT 后，场景中这三个按钮是不可见的，但是在场景中我们可以通过鼠标或者手柄射线去按“确定”键这两种方式来对场景中的幻灯片进行翻页播放及重置。

在异地多人协同的过程中，幻灯片的播

图 6-47　翻页按钮设置

放也可达到实时同步的效果。在教学应用领域，播放幻灯片是常用的展示方式，那么可以在同一场景中实现，异地使用同一场景协同操作。协同房间中的用户均可借助鼠标或者手柄，对 PPT 进行操作，并且同一房间中的用户可以达到实时同步效果。

此外在场景管理器中选择 PPT 父节点，在属性栏中还有部分 PPT 节点的特有属性，可供编辑，如图 6–48 所示。

（1）PPT 源：显示导入幻灯片的路径；

（2）背景：该状态为选择是否显示 PPT 背景；

（3）深度测试：绘制图片后的深度缓冲区，来解决先绘制的被覆盖的没有意义的运算操作。

另外有三个按钮，分别为："开始""上一页""下一页"；该按钮是在编辑端的时候用来对 PPT 进行翻页和重置的功能，与场景视口中触发 PPT 的按钮操作相同。

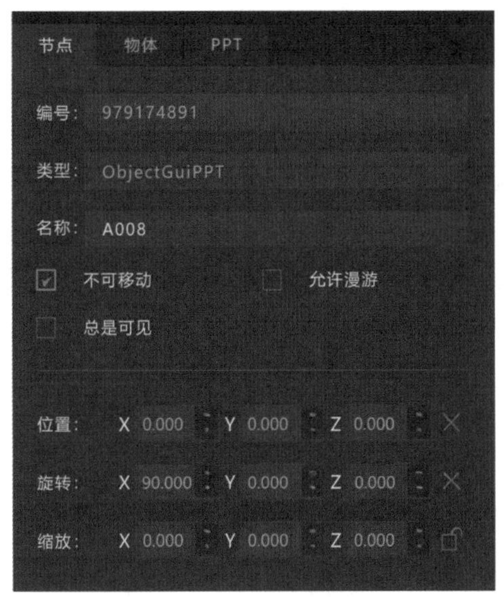

图 6–48 PPT 编辑面板

2. 创建 PPT 按钮链接

幻灯片在导入到 IdeaVR 软件中，还可在场景中对 PPT 进行再次编辑，在具体的应用场景中，可在 PPT 中插入链接，在本小节中将会介绍如何在导入的 PPT 中制作链接及链接的使用。

在 PPT 中插入链接主要是通过插入按钮的形式来做一个按钮链接，在制作中可以在 PPT 的任意一页进行插入链接操作。按钮可做的链接在第五章的 UI 组件介绍中有简单的说明，在按钮下可添加动画、音频、视频，作为按钮事件，通过按钮来触发音频、视频及动画的播放。

（1）创建按钮：将 PPT 翻页至需要插入链接的页面，然后在场景管理器界面，选中 PPT 节点，点击鼠标右键，选择"添加按钮"操作，如图 6–49 所示，该添加操作会在 PPT 当前翻至页面添加一个按钮，且仅在当前

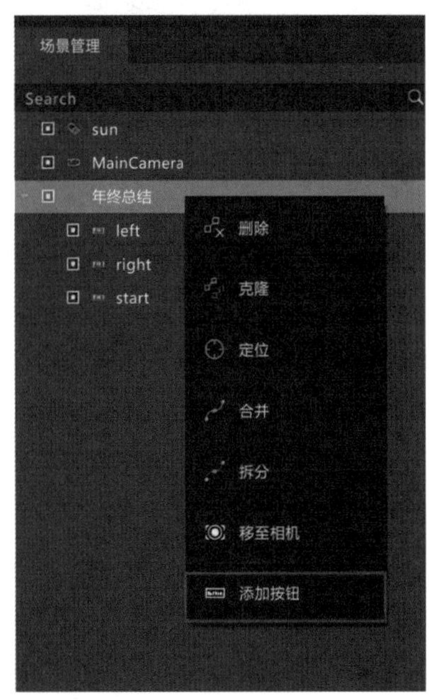

图 6–49 PPT 按钮连接设置菜单

图 6–50　PPT 按钮节点

图 6–51　PPT 连接按钮设置

页显示，PPT 翻页后自动隐藏，不触发该超链接。

（2）在创建按钮后，会在场景管理器的节点面板中显示，该 PPT 节点下，会出现一个“ObjectButton”的子节点，且会在视口中的 PPT 上显示一个按钮，如图 6–50 所示。

后面可对该按钮属性进行修改，将按钮位置移动至 PPT 中合适的位置，如图 6–51 所示，在目录文字上方添加视频介绍的链接，选中前面创建的按钮，在按钮属性中输入对应内容文字“视频介绍”，并将背景隐藏，按钮属性调整完毕。那么在场景中，可以通过鼠标点击或射线选中点选确定 PPT 中该按钮位置，即图中“视频介绍”绿色包围盒位置，来触发按钮事件。

（3）链接视频：做视频链接，是针对前面添加的按钮，做一个按钮触发视频播放的事件来实现的，首先介绍的视频导入的方式，在场景中导入所需要的视频，对视频的基本属性进行修改后，在场景管理器中，通过鼠标拖动的方式，将视频节点拖动至前面创建的按钮的子节点，如图 6–52 所示。

通过上述操作，将视频节点作为按钮节点的子节点后，触发该按钮事件，将触发

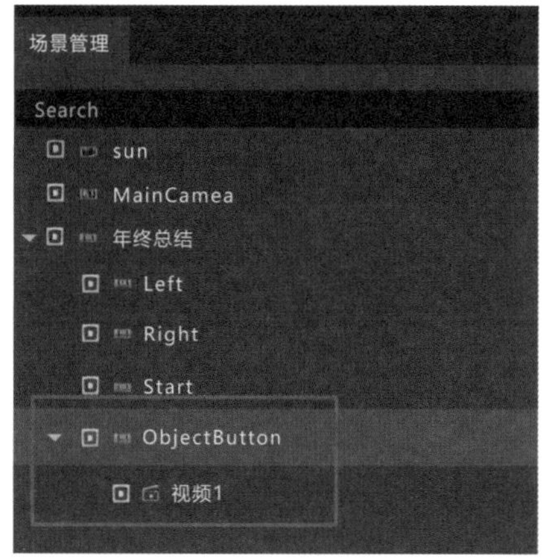

图 6–52 视频链接

子节点视频的播放与暂停事件。该触发的事件，在 PPT 进行翻页，该按钮隐藏后，该事件状态也自动隐藏。例如在 PPT 的其中一页有视频链接，点击链接后，触发视频播放时间，然后对PPT进行了翻页，翻至下一页后，该 PPT 按钮被翻页隐藏，则按钮触发的视频也同时被隐藏，即暂停播放。

（4）链接音频：做音频链接的方法与视频链接相同，也是通过将音频节点拖动成为按钮节点的子节点的方式来实现。

（5）动画链接：制作动画链接的方式与前面音频、视频的链接有所不同，制作动画链接则直接在按钮的属性中链接动画文件即可。如图 6–53 所示，在按钮属性栏的最下方，有“按钮动画”，在“动画地址”的下拉菜单中添加已经制作完成的 track 文件即可，动画的制作在“动画编辑器的概述”这一节中有详细介绍。

制作完成的动画链接，在触发 PPT 中的按钮后，会触发该动画的播放。

五、导入 Flash 动画

在 IdeaVR 中，通过多媒体模块可以实现快速导入 Flash 动画文件，同时通过简单的编辑将导入完成的 Flash 动画放置在合适的位置

图 6–53 PPT 动画按钮链接设置

以及实现对已编辑内容的预览。Flash 动画的导入与前面章节中音频的导入有许多相似之处，下面进行具体 Flash 动画导入说明。

1. 导入 Flash 动画

IdeaVR 支持 .swf 格式的 Flash 动画，以下是 Flash 动画导入过程：

点击菜单选择“Flash 动画导入”弹出如图 6–54 所示的窗口；

选择要导入的 Flash 动画，导入后如图 6–55 所示。

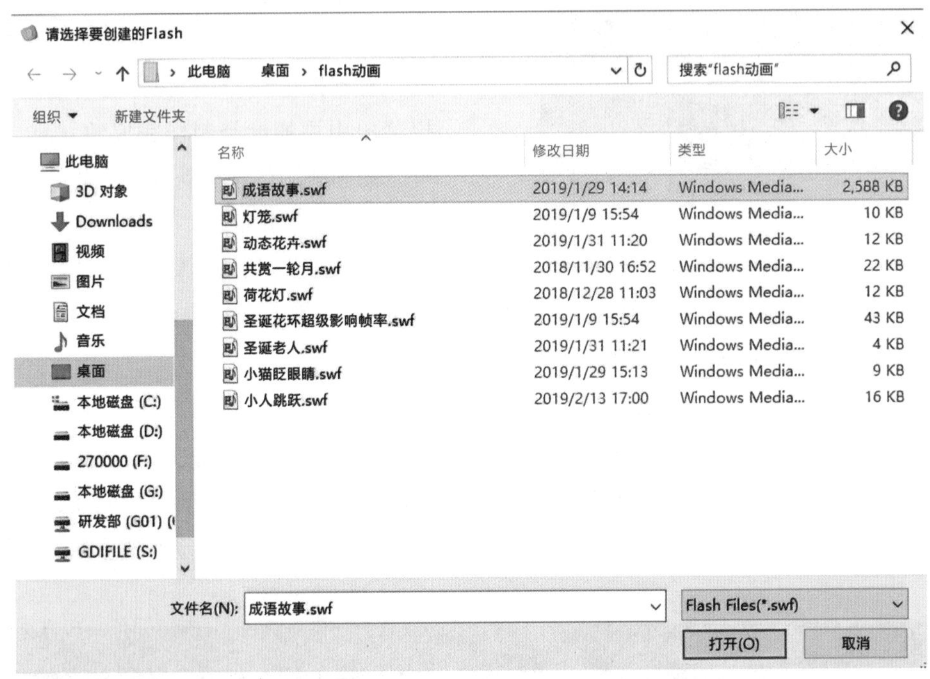

图 6–54 Flash 动画导入

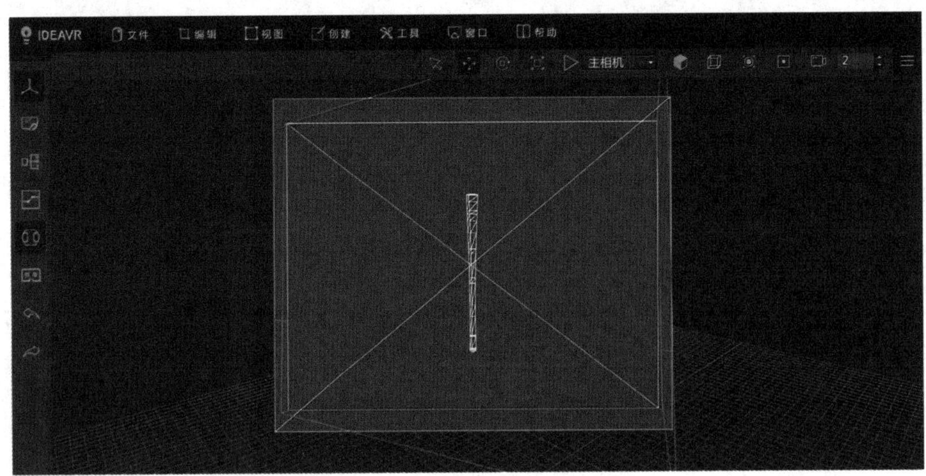

图 6–55 Flash 动画导入后效果

2. Flash 动画属性及特效

导入 Flash 动画节点后，Flash 动画属性如图 6–56 所示。

通过 Flash 动画属性面板可见其与视频的相似之处，Flash 动画节点存在背景的显示，所以属性面板显示了背景的宽和高，图 6–56 是高、宽分别为 3、4 的大小，而图 6–57 是高、宽分别为 6、6 的大小。

（1）“深度测试”：该选项是指是否进行深度测试。

（2）“是否跟随”：勾选该选项后无论视角怎么旋转，视频界面一直是面向自己的。

（3）“是否循环”：勾选该选项后视频一直是循环播放的。

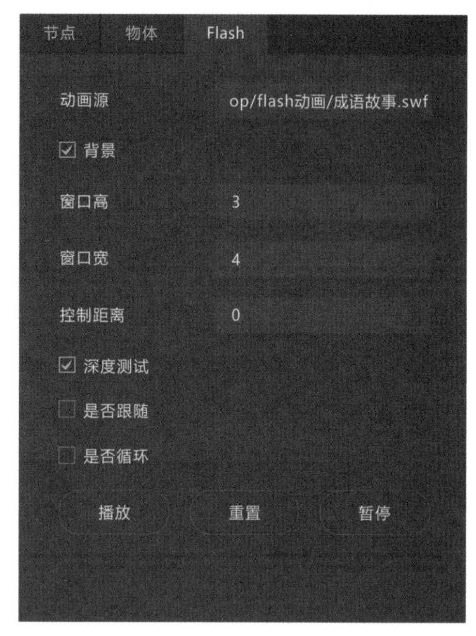

图 6–56 Flash 动画参数调整

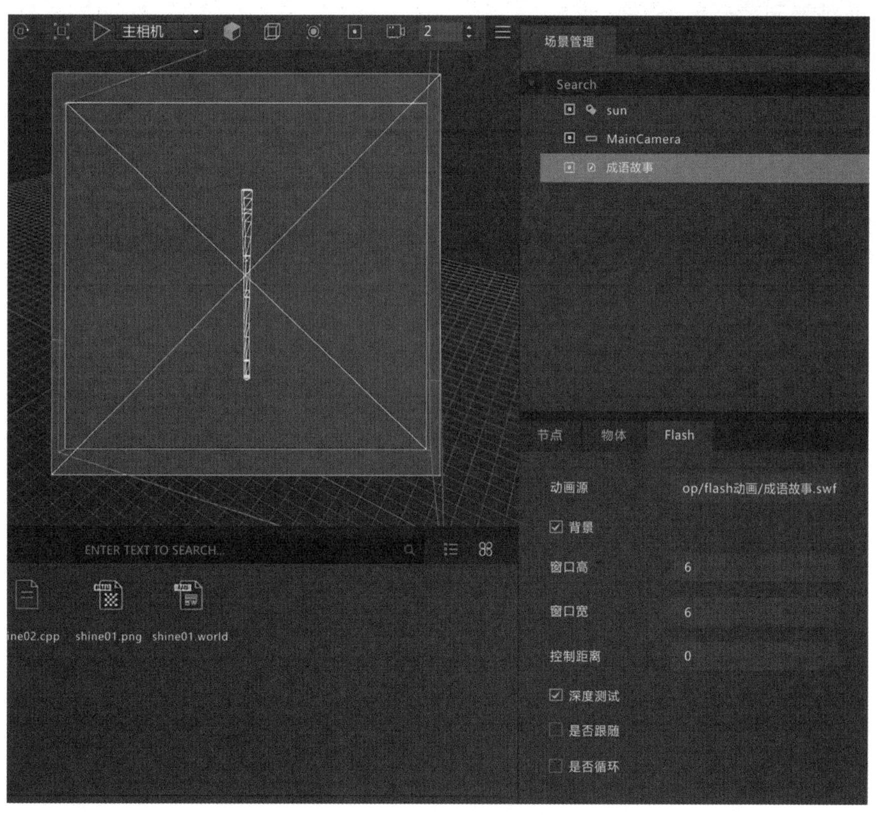

图 6–57 Flash 动画尺寸参数调整

（4）“播放”“重置”“暂停”：与音频介绍相同。

第三节 考试系统

IdeaVR 不仅支持常规 VR 内容的制作，还支持用户在 VR 场景内进行考试形式自定义与题目自定义的功能。此功能不需要在后台再次编程和修改来实现，零门槛的自由运用非常适合学校老师、学生对课件内容的虚拟现实化需求。同时，对于某些企业类用户，也可以通过考试系统的编辑和再创作因地制宜地制定符合岗位需求和企业文化的员工培训系统。此部分将从考试系统的考题编辑、操作考试编辑与操作考试过程注意事项等几个方面对本应用的考试系统进行编辑教学。

一、考题编辑

启动 IdeaVR 编辑端的界面，依次选择“创建”—“考题编辑”，打开常规题考试的编辑界面，如图 6–58 所示。此部分主要是针对常规题进行编辑，操作题不需要在此进行编辑。

考题形式有“单选题”“多选题”“是非题”三种，如图 6–59 所示。在具体的应用场景中，用户可以根据项目实际需求自定

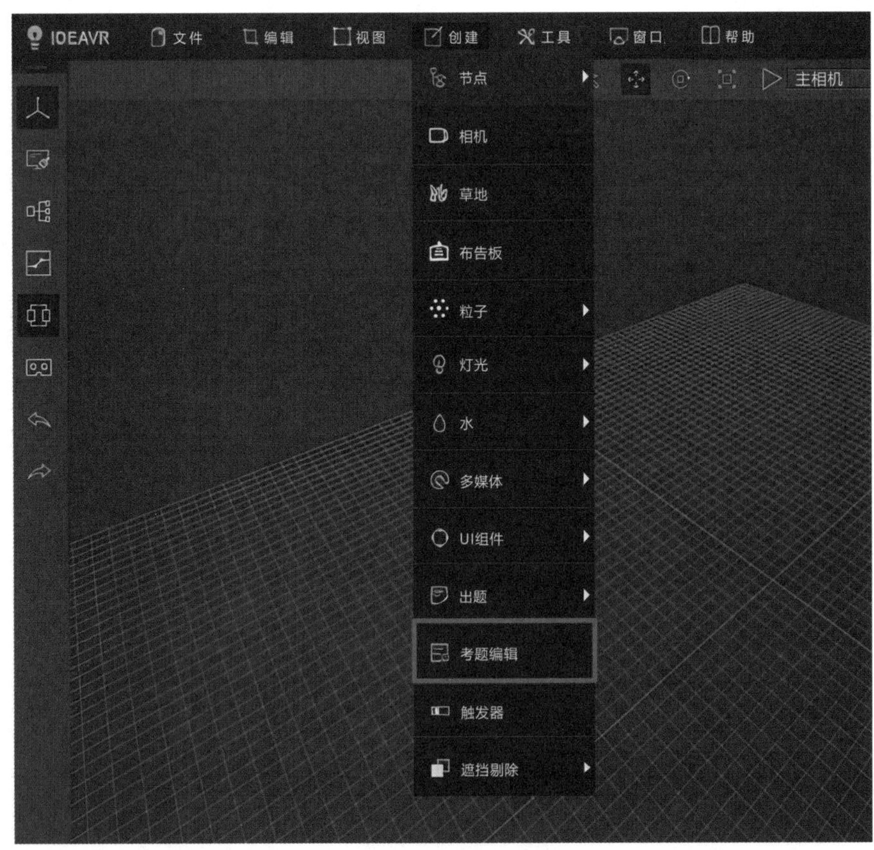

图 6–58 考题编辑

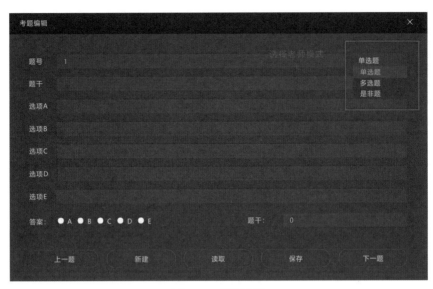

图 6-59　题型选择

义常规题目的类型，在场景中对考试面板通过鼠标的移动和目标参数（位移、旋转和缩放）进行更改，更改考题的触发方式，来定制个性化的使用场景和效果。

选择所需的考试模式进行题目编辑，内容如下：

（1）在考试编辑页面的“题号”栏目里输入题号，自定义题目的数量；

（2）在选项栏中输入选项；

（3）在“答案”栏目“A”“B”“C”“D”“E”中对正确的选项内容进行勾选；

（4）在编辑页面的右下角设置题目的

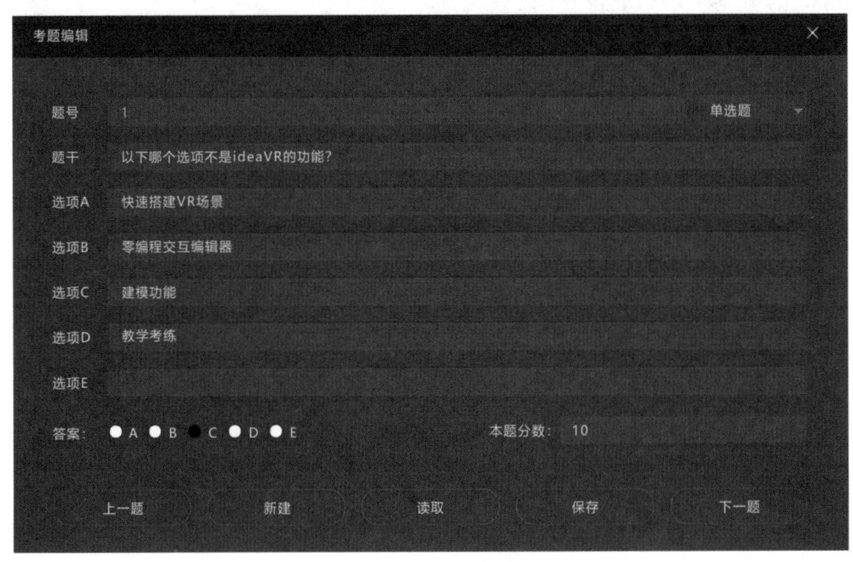

图 6-60　单选题编辑

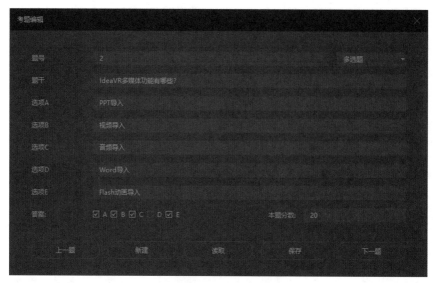

图 6-61　多选题编辑

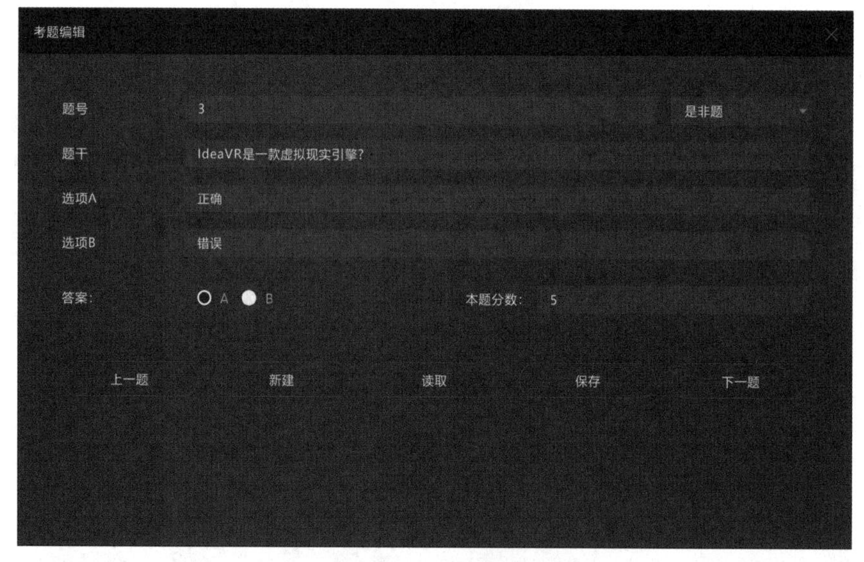

图 6-62　是非题编辑

分数；

（5）如果还需要编辑下一道题目，只需要按照以上步骤完成第一题的编辑，点击编辑页面的“下一题”按钮，便可直接进行后续的考题编辑，如图 6-60 至图 6-62 所示。

所有考试内容编辑完成后，再单击“保存”命令按钮，会保存为一个 .xml 文件，如图 6-63 所示。

二、创建考题

IdeaVR 考试系统不仅支持常规题目的创建和应用，对操作流程类进行创建和考

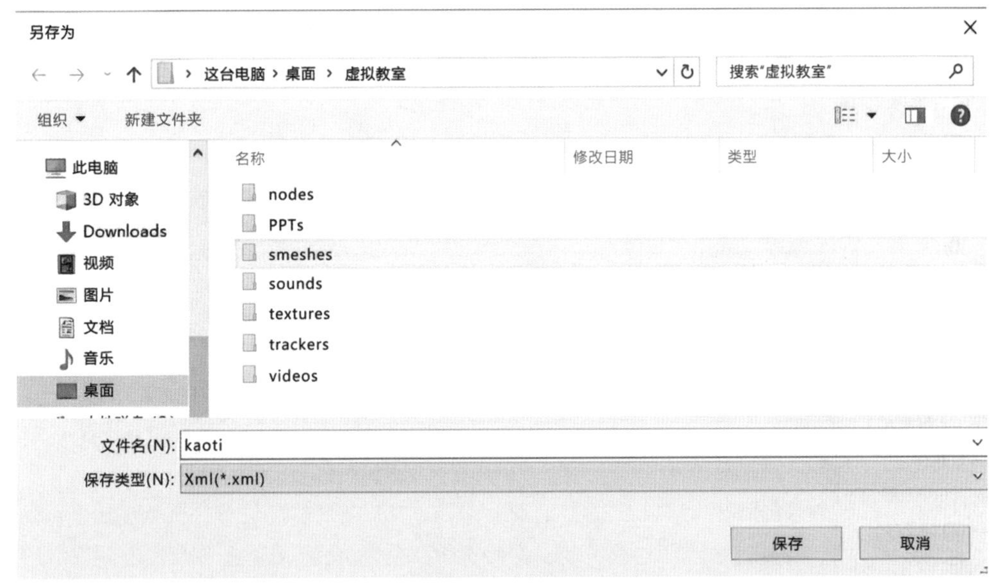

图 6-63　考题保存

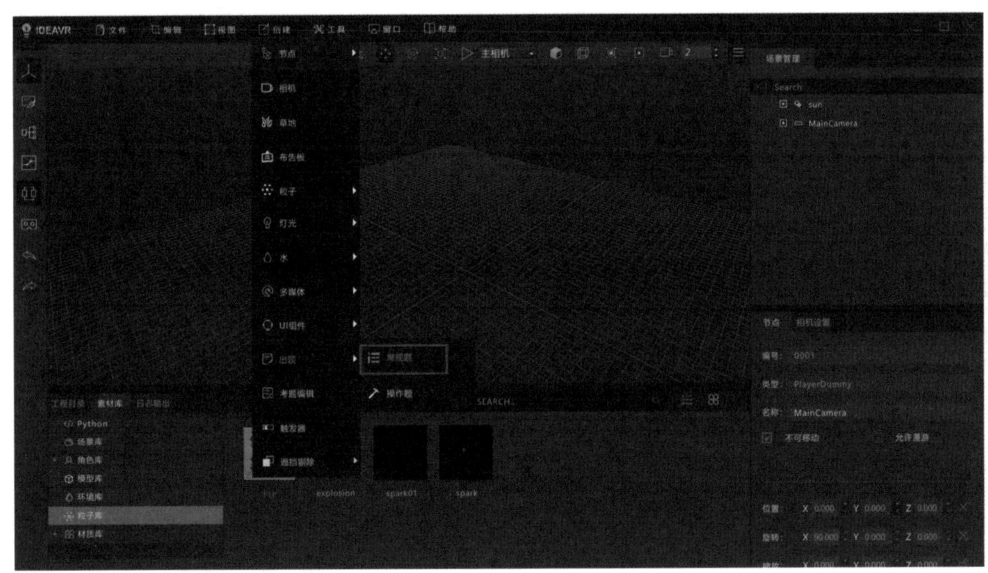

图 6-64　常规题出题

核。该类考试可以应用在机械制造专业针对机械装配环节的考核，也可应用在化学实验流程的操作考核、设备认知考核等。如图 6-64 所示，选择“创建”进入出题模式。

1. 常规题出题步骤

（1）考题导入：如图 6-65 所示，找到上一步保存的“kaoti”.xml 文件，然后打开，VR 场景中出现图 6-66 所示的考题成功导入的画面；

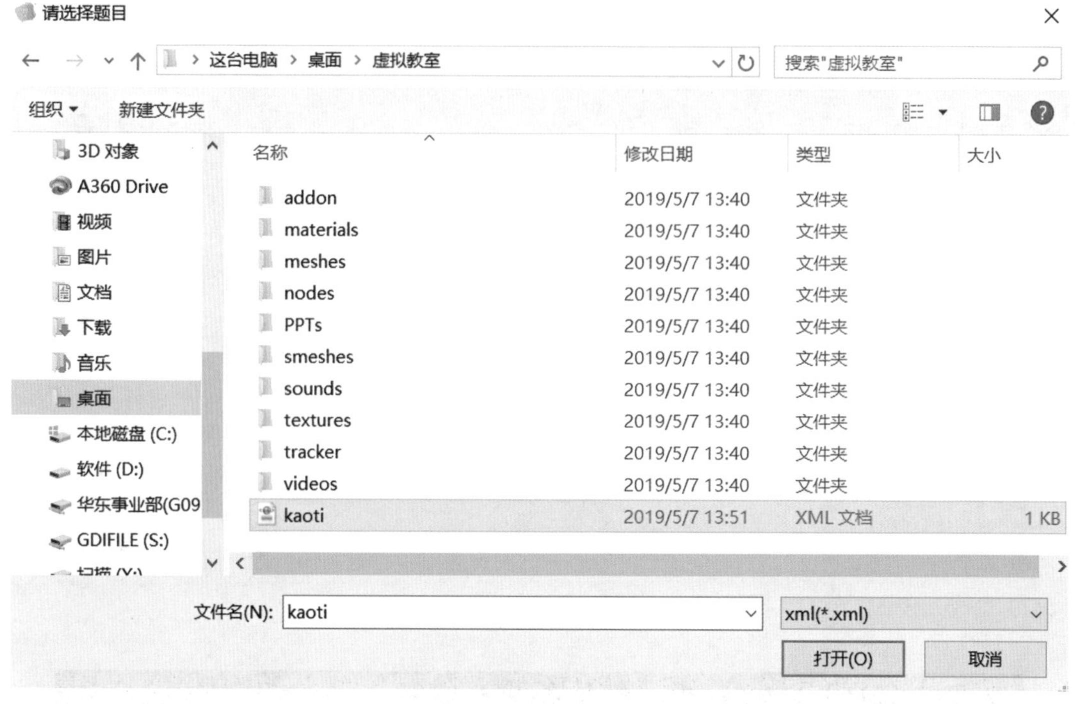

图 6-65 选择编辑好的考题

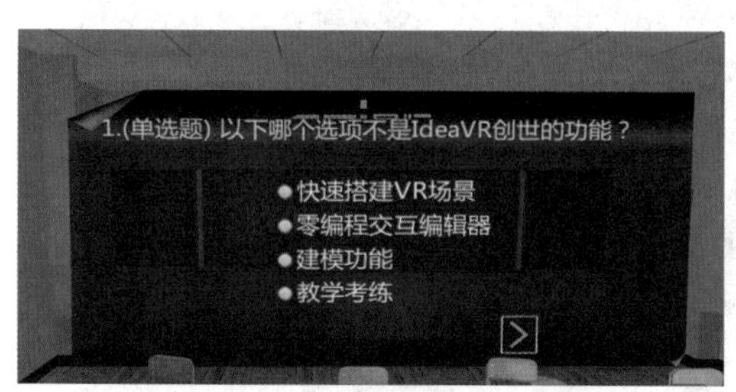

图 6-66 考题成功导入后的画面

图 6-67 考题预览

（2）场景保存：在导入考题，调整好位置之后，需进行场景保存；

（3）编辑端考题预览：在鼠标指针属于选择状态下，单击界面右上角的预览工具，进入预览模式，进行考题预览，此时可进行答题，并会出现最终成绩和错误选项汇总，如图 6-67 至图 6-69 所示。

2. 操作题出题步骤

（1）如图 6-70、图 6-71 所示，进入操作题出题界面。

图 6-68 开始答题

图 6-69 考核成绩

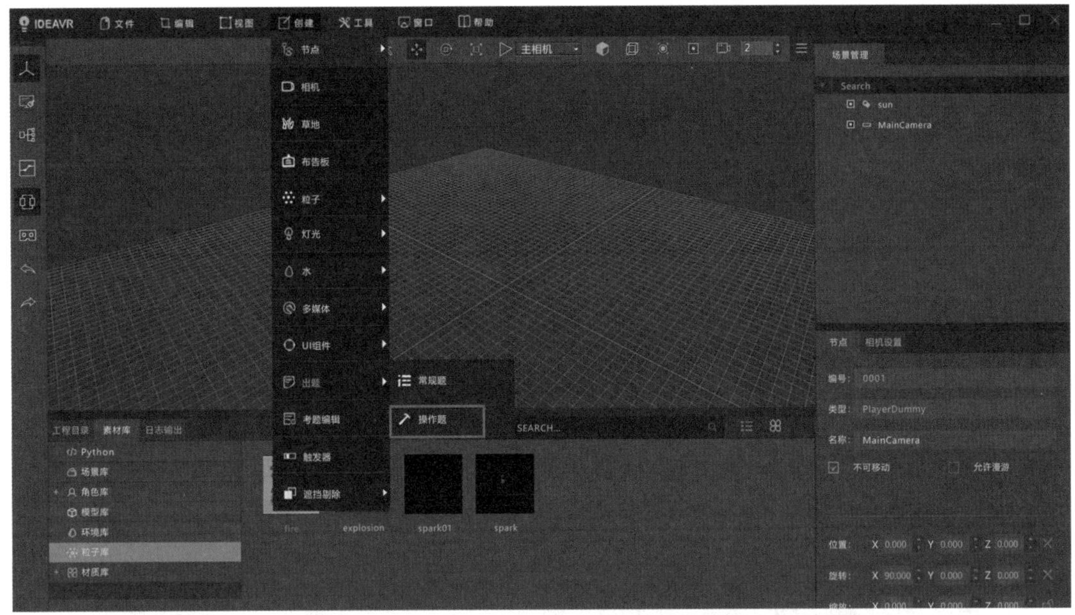

图 6-70　操作题出题界面 1

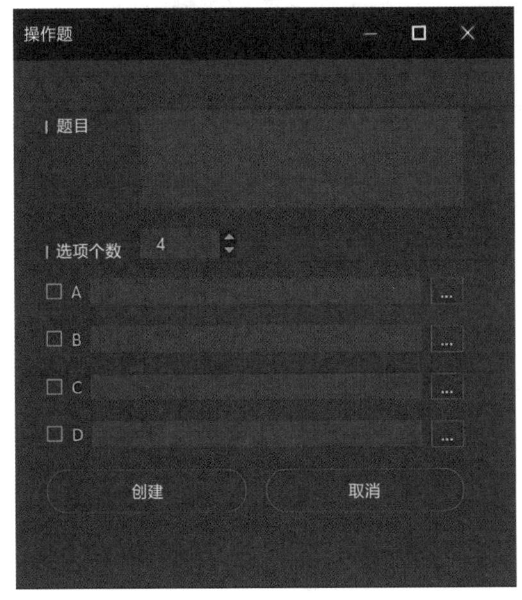

图 6-71　操作题出题界面界面 2

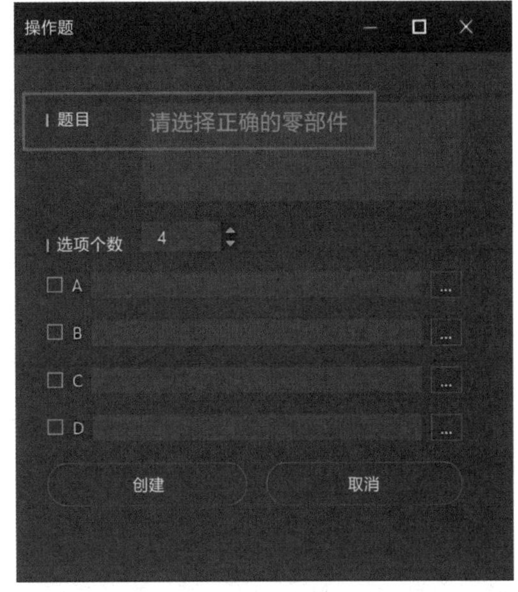

图 6-72　操作题出题步骤

（2）在“题目”一栏输入“请选择正确的零部件”，并设置选项个数，如图 6-72 所示。

（3）从右边的菜单栏中选择要进行测试的零部件，把文件通过拖动的方式放入选项中，如图 6-73 所示。选项右边的按钮是“取消”。

图 6–73 操作题选项设计

（4）依次按照以上顺序对其他选项进行创建，如图 6–74 所示，然后单击“创建”。

（5）如图 6–75 所示，操作题便创建成功了。同时，可以对每个按钮进行 UI 编辑，使之美观。用户在 VR 场景中，通过用手柄、鼠标、键盘或者空间触发器等方式选择相应的模型组建，系统后台对选择的选项进行正误的评判。

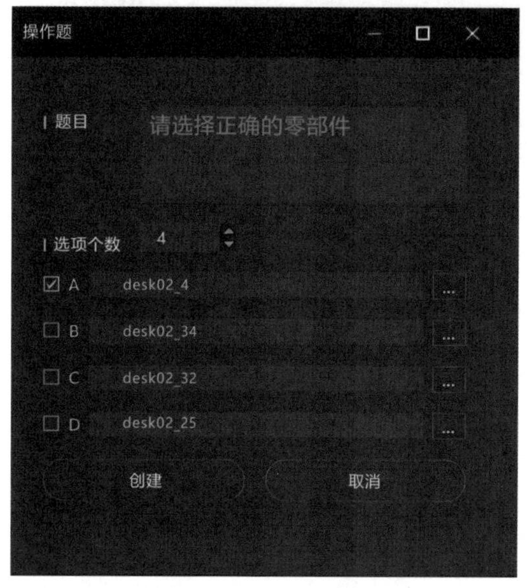

图 6–74 操作题正确答案设计

图 6–75 操作题答题操作

3. 操作题考试过程中的注意事项

在 IdeaVR 场景中使用操作题答题方式时，如果在场景中设置了默认隐藏的属性，那么在实际的考试环节，该题目便不会被考生触发。这个属性大部分运用在制作了考试环境，但需要跳过场景，暂时不进行考试的教学环节当中，老师可以根据自己的教学进度对学生进行测试，在后台对考试板块进行默认隐藏的设置，在教学完毕后，再对学生进行操作考试。

在使用过程中，所有的场景交互都会失效，只显示操作题的交互过程。若学生操作时失误，后台会默认一直重复进行考试过程，直到学生通过考试为止。

第七章
材质功能介绍

虚拟世界需要真实可信的视觉效果。能够真实地体现现实世界中的材质效果往往是判断 VR 引擎的重要条件，IdeaVR 通过简单的材质编辑器和强大的材质球编辑能力很好地做到了这一点。

第一节　材质功能简介

为了提升 IdeaVR 引擎的易用性，整个材质功能（又叫“材质编辑器”，默认在主界面右下角属性面板的物体标签页中）并无太多分区，在图 7–1 中可以看到左侧一长条红框是场景中用到的所有材质球的参数显示界面。

中间上方红框为材质预览效果图，更改材质参数后可以在此位置实时预览。图中英文 box 为材质球的显示方式，默认为正方形，可换成球形（sphere）或十二面体（dodecahedron），如图 7–2 所示。

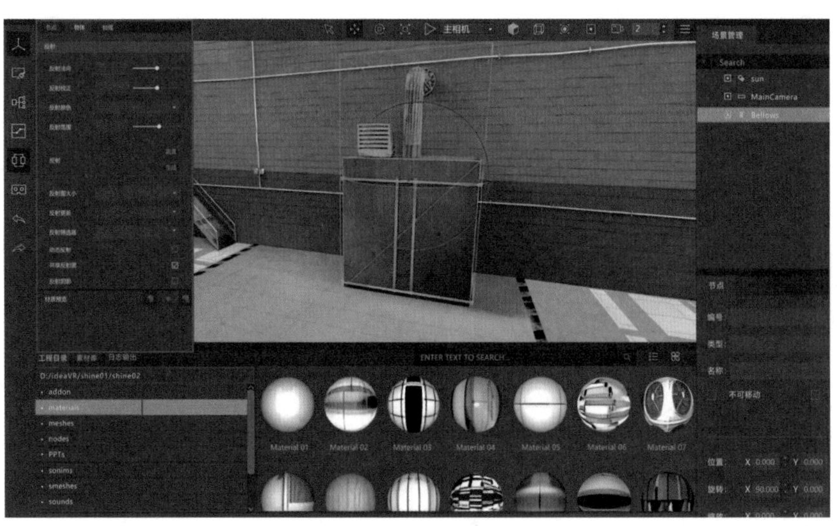

图 7–1　材质球参数面板

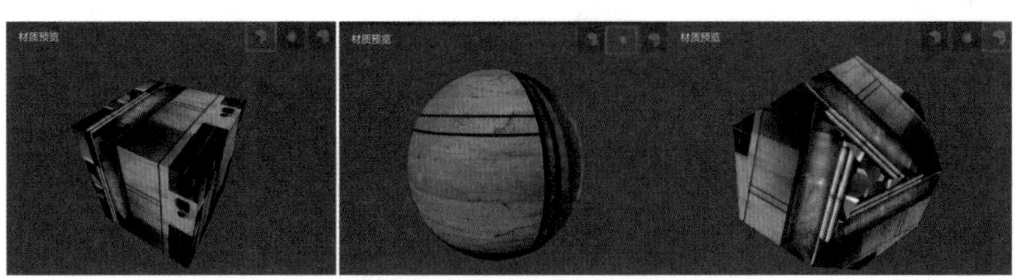

图 7–2　材质球预览效果图

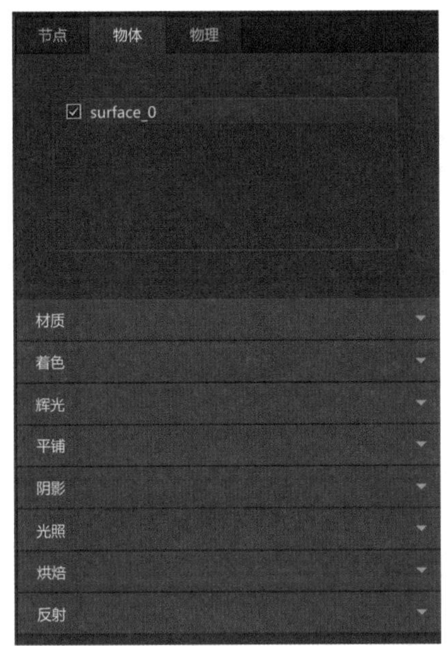

图 7–3 材质设置项

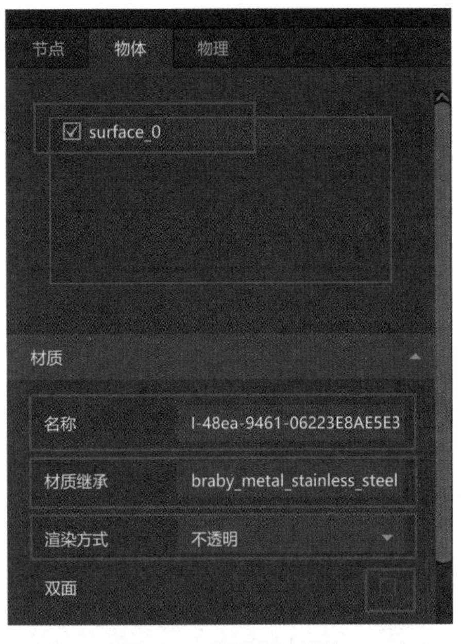

图 7–4 材质基础操作

具体选中的物体的材质设置项里有“材质”“着色”“辉光”“平铺”“阴影”“光照”“烘焙”“反射”八个属性。通过每个属性可以控制相应的效果，如图 7–3 所示。

第二节 材质属性介绍

以上内容基本介绍了 IdeaVR 材质球的内容，但大多数物体用预设的材质球是远远达不到项目中所需要的效果的，这时候就需要特殊处理。

我们先创建一个默认的材质球，先左键点击大类的默认材质球，然后在细分里面选择第一个默认材质球，同时拉到材质球的显示界面中，点选刚才创建的材质球，可以看到材质球属性编辑界面出现了各项参数，如图 7–4 所示。

如图 7–4 所示，首先看到的是所选物体的材质基础属性，我们可以在这里修改材质名称，“材质继承”一栏里可以重复使用我们在已有材质库里相同的材质资源，从而节省了贴图数量，在调节方面也是很方便高效的，我们只要调节了一个通用的材质球，就可以改动相同的材质属性。

（1）“渲染方式”：是针对物体的透明和不透明的属性进行的归纳，如玻璃等材质只要选择“透明”就可以有透明的效果。

（2）“双面”：顾名思义就是通过勾选“双面”达到正面、反面都可以具有材质的效果。在 IdeaVR 引擎中，默认只绘制法线朝向观察者的三角面片以提高渲染帧率。开启“双面”支持后，在三角网格与视角方向一致时也会进行绘制，进而保证在模型的任意一面都能看到物体（勾选以后在物体内部也可以看到物体的面）。

（3）“漫反射贴图”“高光贴图”“法线

贴图”：着色部分分为常用的三张贴图选项，如图 7–5 所示，有“漫反射贴图”“高光贴图”“法线贴图”等属性，通过拖动式着色我们可以让物体的材质质感大体表现出来。

“漫反射贴图”的属性：可以控制贴图的颜色变化，控制亮度范围（“漫反射”就是指物体表面显示状态）。

“高光贴图”的属性：“高光范围”可以控制高光范围强弱，“光泽度”可以控制高光的范围大小。

“法线贴图”的属性：“法线贴图”相当于模拟物体表面凹凸不平的花纹，“法线范围”可以控制强弱，“环境范围”可增加物体整体亮度。

（4）“辉光”：图 7–6、图 7–7 中，前一张图是没有勾选该属性的，后者是添加了该属性效果。我们可以看到在不增加灯光的情况下，只靠添加辉光效果，物体周围会产生一层光晕，使得场景更加融入环境模型，从

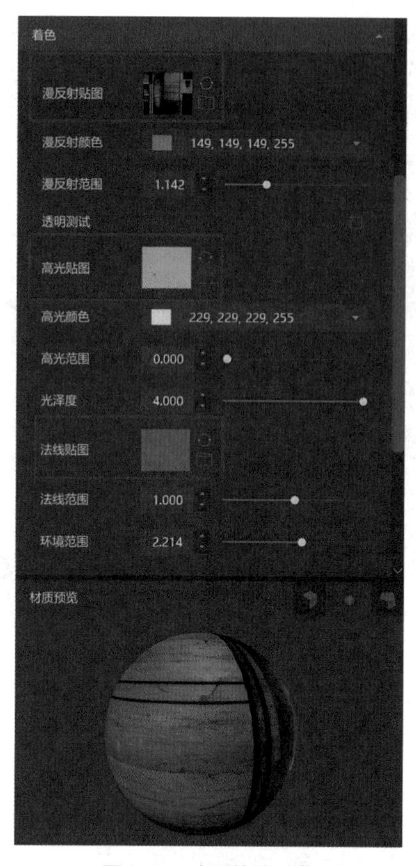

图 7–5　贴图效果预览

图 7–6　设置辉光效果之前

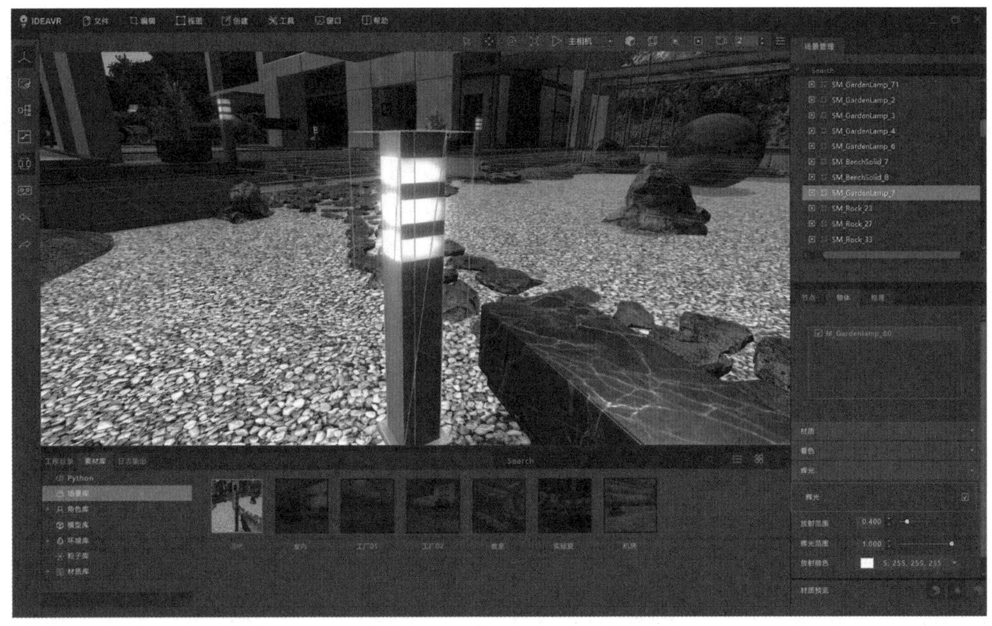

图 7-7　设置辉光效果之后

图 7-8　辉光效果参数调整

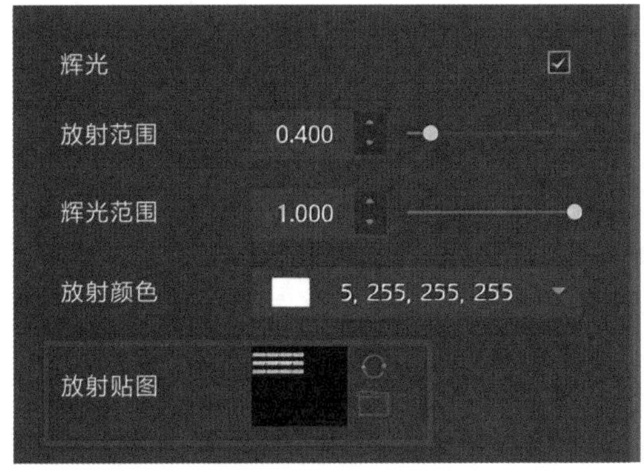

图 7-9　辉光贴图

而提升物体效果质量。

“放射范围”是控制辉光整体大小的，“辉光范围”是控制辉光外围的强度大小，如图 7-8 所示。

通过添加“放射贴图”可以用类似遮罩的贴图达到物体部分有辉光效果，而被遮罩的范围是不受辉光效果的影响的（可以放射出该贴图的效果），如图 7-9 所示。

（5）“平铺”：如图 7-10 所示，我们通过在一个平面上增加地表贴图，这里可以看到草坪贴图的细节，与真实环境相比有点夸张，此时则需要我们把整体的草地还原成实际草地大小，需要去控制“平铺”的 X 轴、Y 轴的数值大小，从而得到我们合适的草地样貌，如图 7-11 所示（此效果可以理解为设置电脑桌面的平铺）。

（6）“阴影”：如图 7-12 所示，可以看到里面有一些参数，阴影功能要配合着灯光

图 7-10　草地平铺贴图

图 7-11　平铺功能参数调节

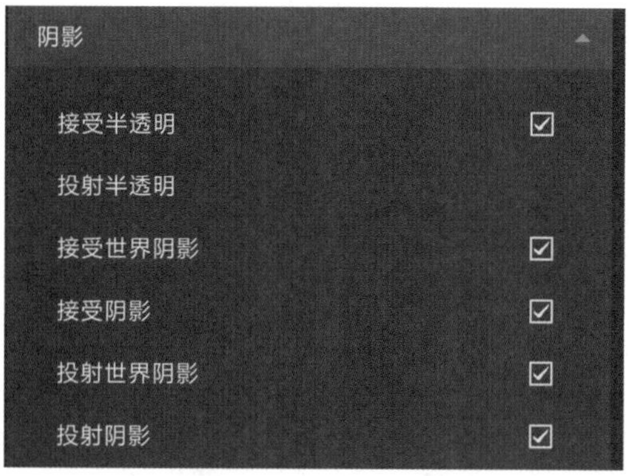

阴影

接受半透明 ☑

投射半透明

接受世界阴影 ☑

接受阴影 ☑

投射世界阴影 ☑

投射阴影 ☑

图 7-12　阴影功能

进行使用。控制物体在引擎里的“阴影”选项，如“接受半透明”“投射半透明”“接受世界阴影”“接受阴影”“投射世界阴影”“投射阴影”等帮助我们在处理物体的投影上有了很多选择。

（7）“光照”：在“光照 Shader”（阴影）里有 3 种类型可以选择，一般默认是用“Phong”（一种光照模型），如图 7-13 所示。

（8）“烘焙”功能，当完成了场景的所

图 7–13 光照功能

图 7–14 烘焙功能

有布置和灯光设置以后，开启“烘焙”，在这里会自动勾选上“烘焙光”（此功能即把“光照”效果改成贴图显示，“烘焙”成功后可以降低场景渲染功耗），如图 7–14 所示。

（9）“反射”功能：主要是运用于玻璃、车漆、具有反射属性的材质上，特点就是可以反射当前的环境状态以达到真实的反射效果，反射功能默认有一张常规的反射贴图，如图 7–15 所示。属性中配合“反射法向”“反射校正”调整环境在反射面的位置、偏移等。通过“反射颜色”可以修改反射面的颜色。“反射范围”可以控制反射的大小以及明暗。“反射贴图大小”可以控制我们生成的反射贴图的大小，下拉窗口中会有各种数值的选项可供调节。需要注意的是“动态反射”，勾选上之后会形成实时反射，对于镜子等可以实时反射周围的环境。

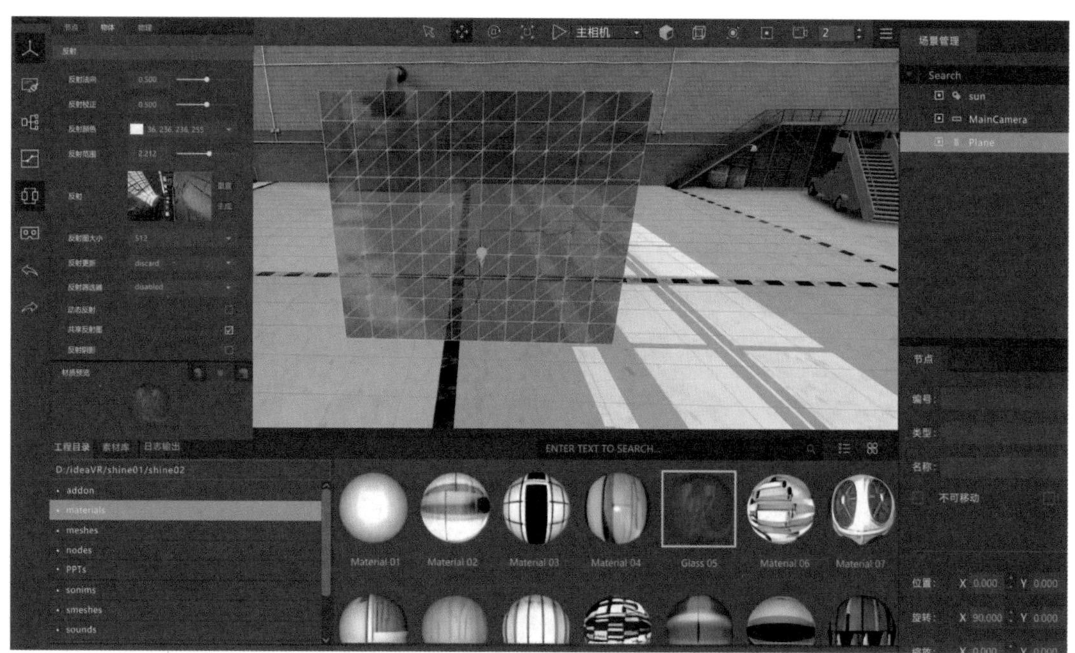

图 7–15 反射功能

第八章 环境灯光介绍

在 VR 引擎中，也有灯光的设置，目的是模拟真实的自然光照（包括太阳光和人工光源），通过光照，才能创造虚拟世界的光源系统，还原自然世界的模样，让人产生真实的感觉。

第一节　灯光功能简介

IdeaVR 软件提供 4 种选项，分别为“点光源”“聚光灯”“泛光灯”“平行灯”，如图 8-1 所示。此外还内置天气系统，帮助使用者快速搭建光照效果。

第二节　灯光属性介绍

一、点光源

“点光源”，顾名思义，就是指从一个点向四周发散的光线，类似于蜡烛的光线。在 3D 空间中的点光源会向所有方向发散光线。这些可用于创建像灯泡发光或武器爆炸的效果，它们的光线会从物体中辐射出来。

在 IdeaVR 中的点光源的强度是以光的中心按照二次方衰减，直到光的极限范围处衰减为零。这个光可设置的范围如图 8-2 所示。

图 8-1　创建灯光

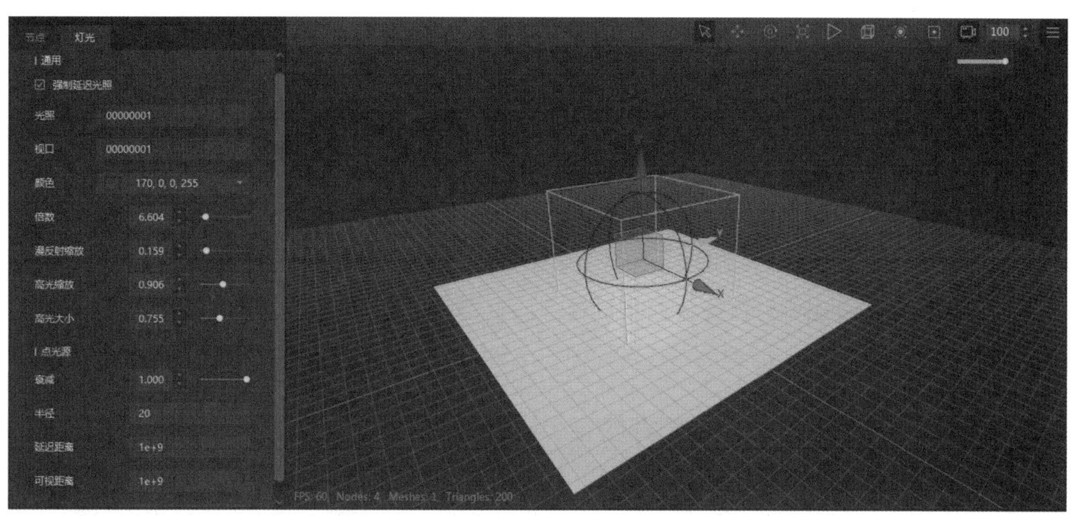

图 8-2　创建点光源

这里我们说明一下几个常用的功能。

（1）“选择颜色”：控制灯光所产生的颜色，通过点选下拉菜单可选择更多颜色。通过基本颜色以及相应的数值选择出我们需要的灯光颜色，可在“HTML”输入框直接输入色号以准确地定位颜色，如图 8-3 所示。

（2）“倍数”：可以控制灯光效果的范围，默认数值为 1。可以通过结合“漫反射缩放”控制灯光范围大小。

（3）“高光缩放”“高光大小”：控制在原有的灯光效果下产生的高亮范围和亮度。

（4）“半径”：当前灯光发射器的大小也关系到灯光的范围大小，如图 8-4 为灯光的参数设置面板。

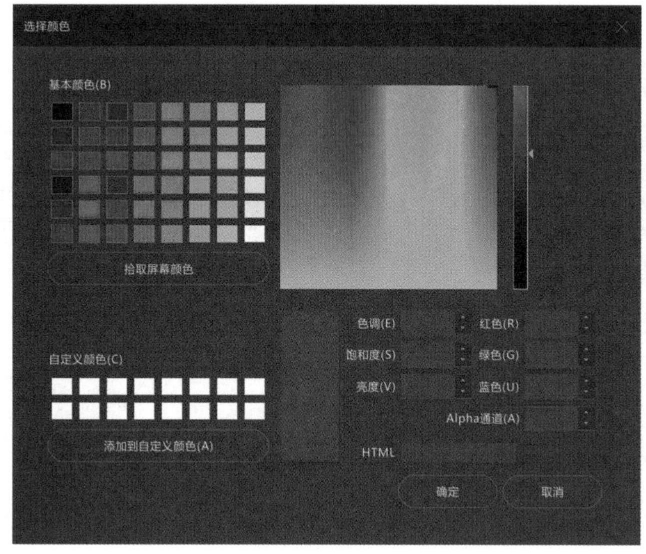

图 8-3　灯光颜色调整

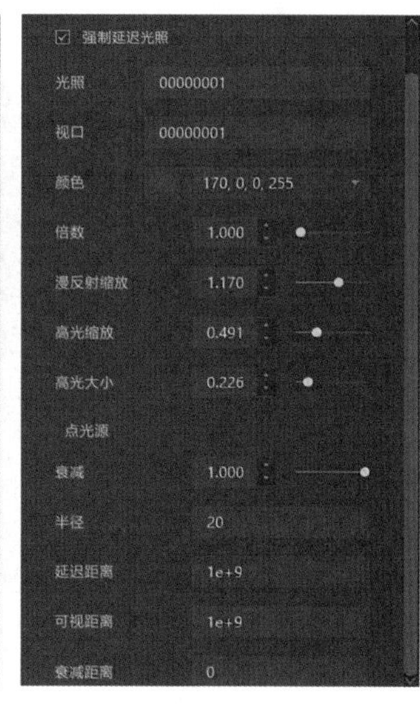

图 8-4　灯光参数设置面板

二、聚光灯

聚光灯是由一个点沿一个方向发射的束状光线，与生活中的手电筒类似。聚光灯非常有用，它们可以当作路灯、壁灯、手电筒。由于聚光灯可以精确控制灯光效果的范围，所以它对于创建舞台灯光效果非常有用，如图 8–5 所示。

各种灯光的属性是差不多的，我们来说一下聚光灯的一些特性功能。

（1）聚光灯的视角：控制聚光灯光照角度。视角越大，光照的角度也就越大。

（2）在聚光灯的“贴图”选项中，我们可以看到有“贴图”选项，通过点击替换默认的“贴图”，我们可以把贴图的纹理投射到地面上，如图 8–6 所示。

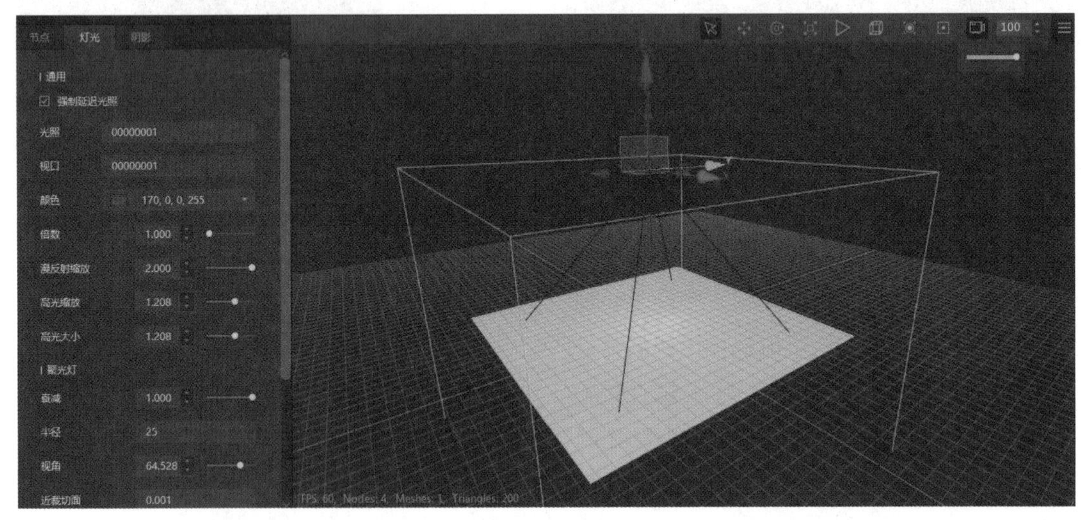

图 8–5　创建聚光灯

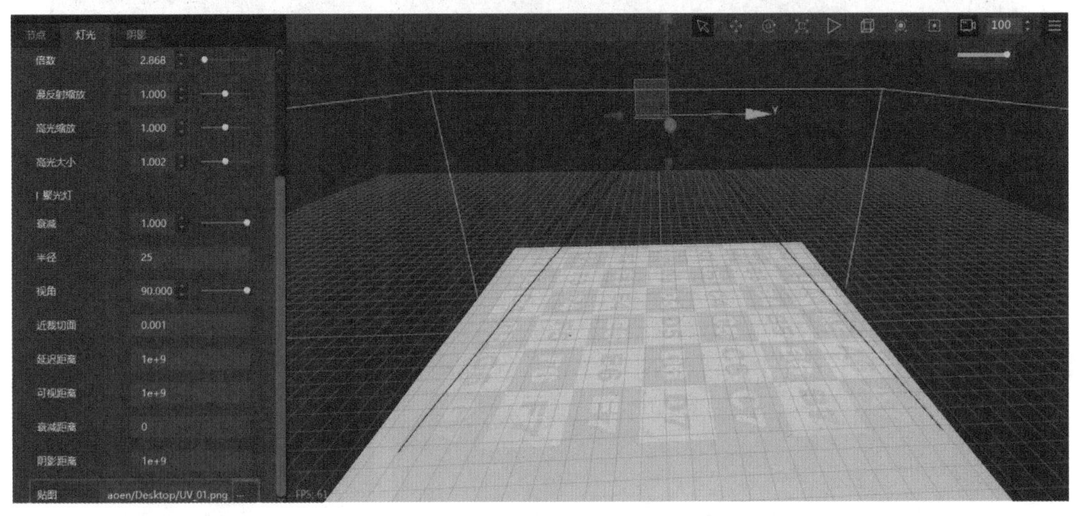

图 8–6　调整聚光灯贴图

三、泛光灯

泛光灯与之前介绍的点光源有点相似，灯光从它的位置向各个方向发出光线，影响其范围内的所有对象。但是这个光源可以产生阴影，给所在物体产生投影，如图 8-7 所示。

四、平行灯

平行灯对于创建场景中的阳光等效果非常有用。它在许多方面像太阳一样，定向光被认为是很遥远的光源，它们位于无限远的地方。

从某一方向光发射出的光线彼此平行，不像其他类型的光线那样发散。因此，定向光投射的阴影看起来是一样的，不管它们相对于光源的位置如何，这对我们很有用，特别是在室外场景照明时。我们只需要调整平行灯的旋转角度以及颜色就能调整出我们所需要的灯光环境，效果如图 8-8 所示。

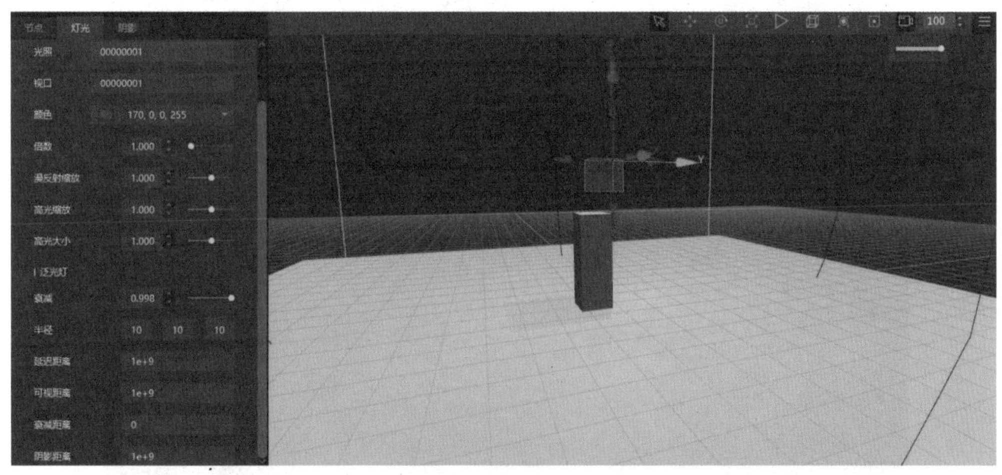

图 8-7　创建泛光灯

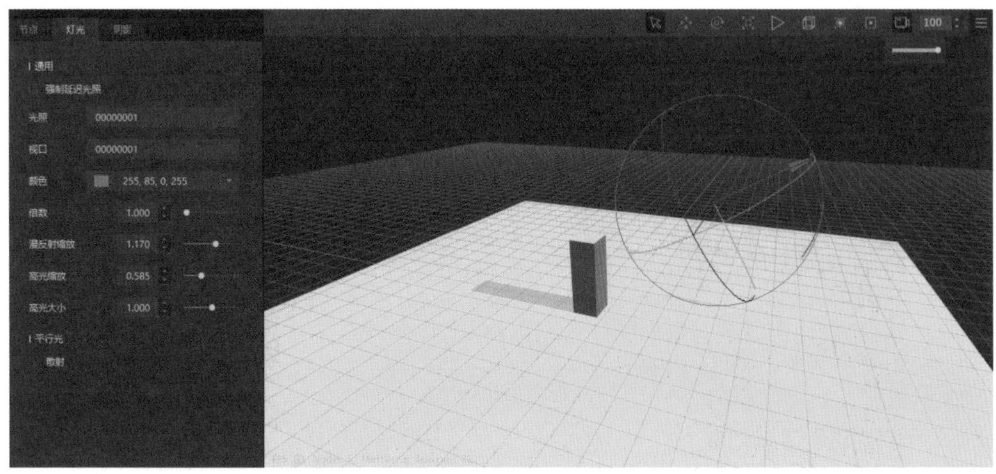

图 8-8　创建平行灯

五、天气系统

选择菜单栏中的“工具”“天气”命令，打开“天气系统”面板，如图 8-9、图 8-10 所示。在 IdeaVR 中，全局光照集中在“天气系统”中。用户根据调节“天气系统”面板参数的数值，对场景进行实时的渲染，投选使用，渲染效果如图 8-11 所示。

图 8-9　选择“天气”

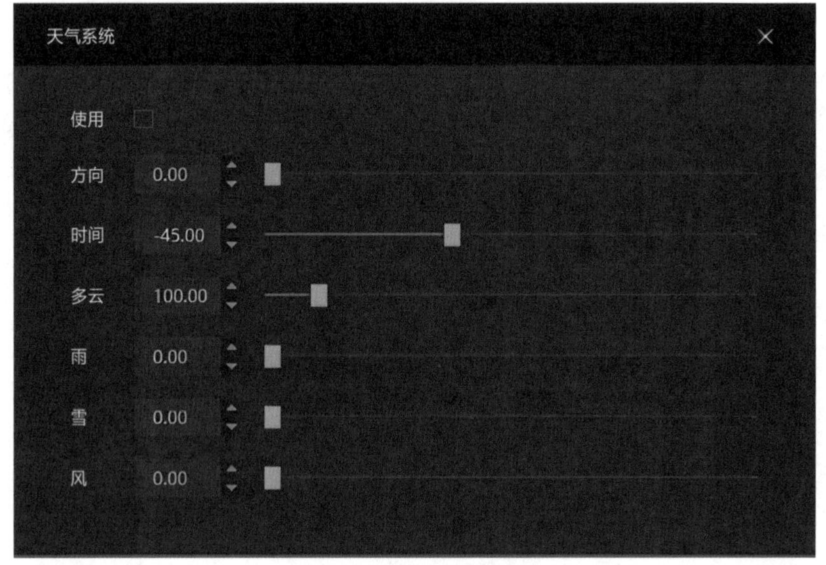

图 8-10　“天气系统”面板

图 8-11　使用“天气系统”后的 VR 场景

第九章

动画功能介绍

在 VR 制作中，我们需要做些动画进行交互，这样体验感更加强烈，同时更具有真实感。IdeaVR 给我们提供了较完善的动画编辑器，通过它我们可以制作动画，而且可以配合交互模块进行 VR 交互制作，大大提高了制作效率。

第一节　动画编辑器的概述

为了能让静态的模型场景具有更丰富的表现形式，让虚拟场景中的内容更加贴合现实，动画编辑器应运而生。动画编辑器是用于让模型"动起来"，能够进行位移、旋转、材质改变等一系列动态变化的内容编辑工具。动画编辑器可以为场景中每个节点添加类型丰富的动态变化。

一、动画编辑器面板结构

动画编辑器面板结构如图 9-1 所示。

（1）动画制作工具如下所示。

 添加；

 删除；

 复制；

 上移；

 下移。

（2）显示已添加的动画菜单。

（3）创建时进行关键帧的生成。

（4）时间轴编辑区域。

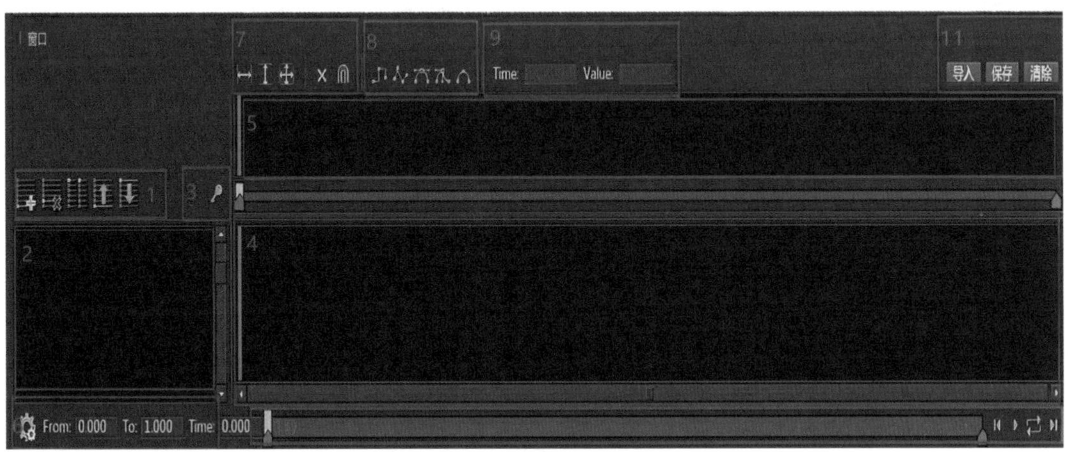

图 9-1　动画编辑器面板

（5）关键帧曲线编辑区域。

（6）动画时长设置。

（7）关键帧曲线设置。

（8）关键帧曲线属性。

（9）关键帧的时间和数值。

（10）动画的播放区域。

（11）动画的导入、保存、清除。

二、界面按钮功能介绍

打开 IdeaVR 动画编辑模块之后，我们先来了解一下动画界面的各个面板，如图 9–2 所示。

 添加需要的 tracker；

 删除已创建的 tracker；

复制同一个 tracker；

对已编辑完的 tracker 进行上移和下移；

创建时进行关键帧的生成；

来开启 / 禁用追踪（是否跟踪动画编辑器的指针在时间轴的位置中时间点的动画状态，浅灰色是选中状态，深灰色是未选中状态，制作动画过程中在场景对模型进行操作时需要拖动指针并禁用追踪）；

显示 tracker 的跟踪图（如果动画中有位置变动会显示相应的路径）； track 的属性设置（主要是设置动画的时长）；

选择上一关键帧、播放 tracker、循环播放、选择下一关键帧；

将已编辑完的 tracker 导入当前场景中；

保存当前的 tracker 编辑文件；

清空当前编辑端的内容；

从水平的方向来调整整个动画帧率，使它正常出现在视图中，如图 9–3 所示；

从垂直角度来调整，使得最大或者最小都能适应整个视图，如图 9–4 所示；

使得图像的全部关键帧都出现在视图中，如图 9–5 所示；

删除关键帧；

前一帧保持不变的情况下，下一帧发生突然的变化，如图 9–6 所示；

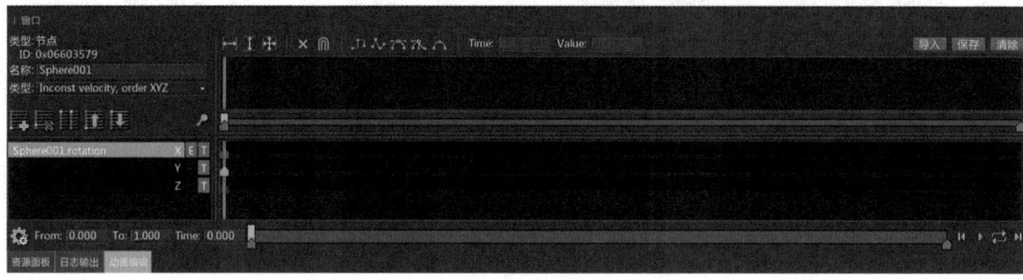

图 9–2 动画编辑器界面按钮

相邻关键帧之间的值是线性内插，如图 9-7 所示；

每一个关键帧上面有两个控制节点，如图 9-8 所示；

关键帧之间的值可以在尖锐地过渡时被创建，关键帧上面有两个控制点，如

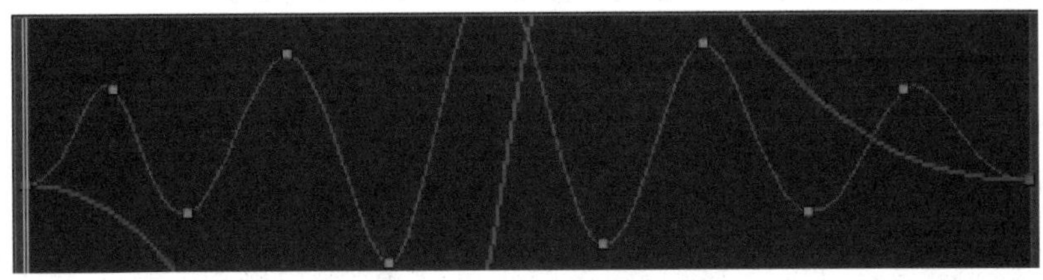
图 9-3 水平方向动画调整

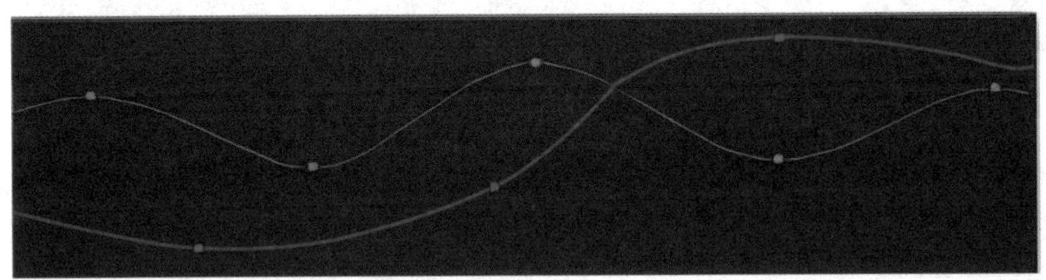
图 9-4 垂直方向动画调整

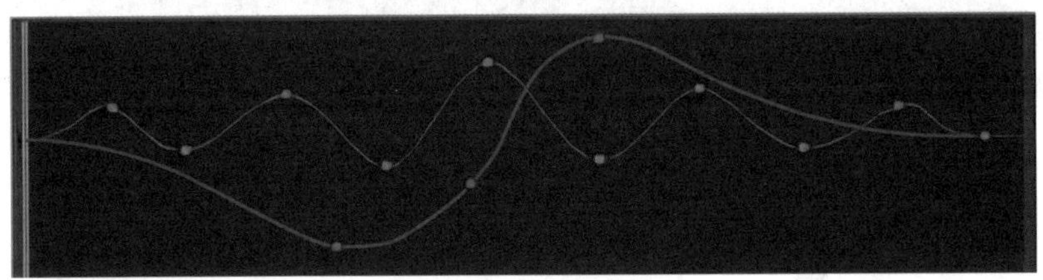
图 9-5 调整结果

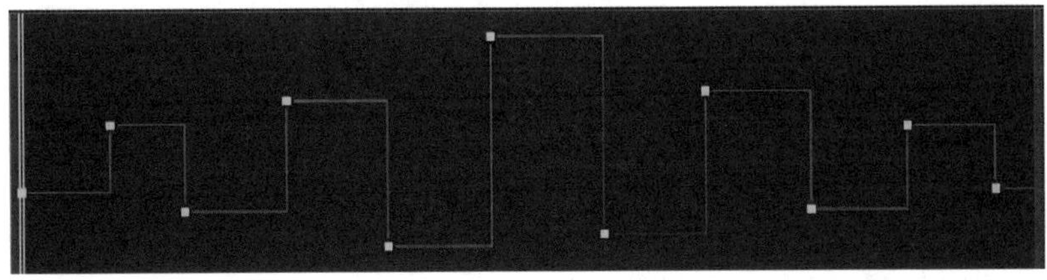
图 9-6 突变效果

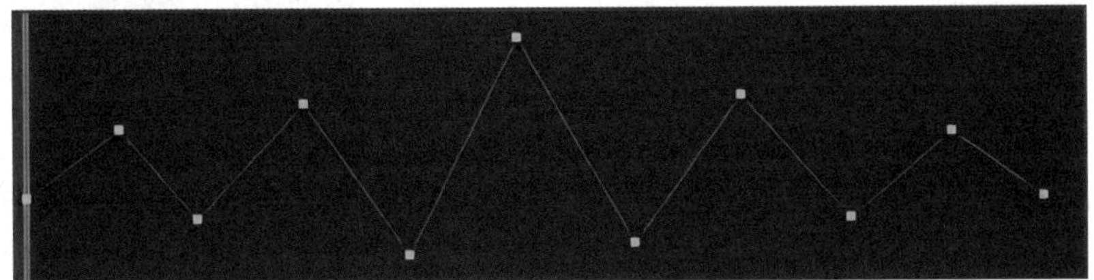
图 9-7 线性内插效果

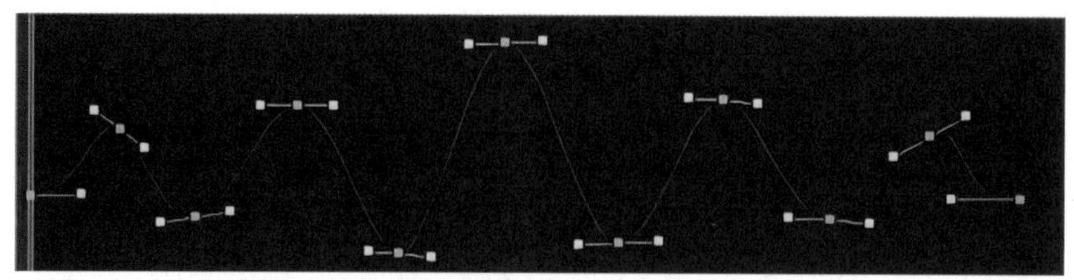

图 9-8　关键帧控制点

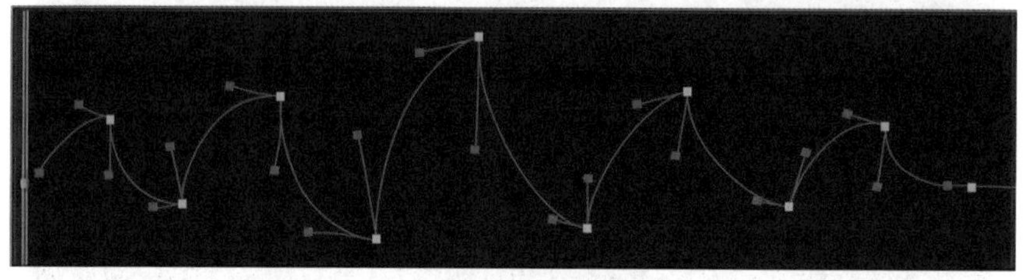

图 9-9　创建关键帧

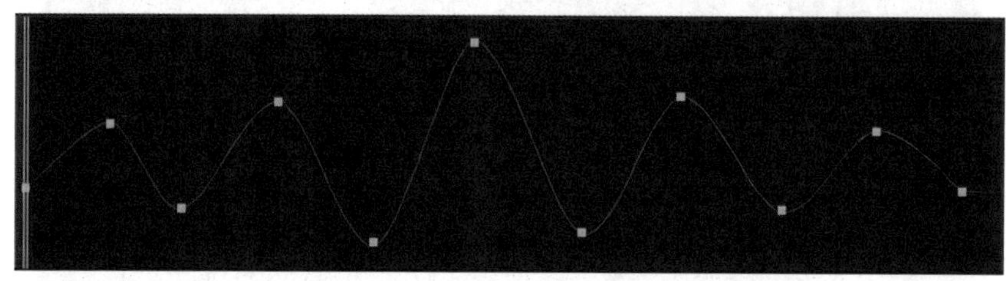

图 9-10　贝塞尔曲线插值

图 9-9 所示；

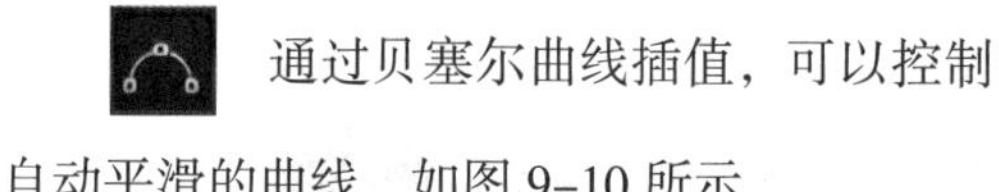 通过贝塞尔曲线插值，可以控制自动平滑的曲线，如图 9-10 所示。

三、调整动画时间

（1）制作一个动画的同时也少不了调整动画时间，接下来我们就来学一下如何调整动画时间。先选择动画设置按钮，在动画设置里调整时间（单位 /1s），默认显示“最少时间”为“0.00”，“最多时间”为“1.000”，“单位时间”为“1.000”。

①接下来我们来学习一下如何调整动画时间，如制作一个“最少时间”为 1s、“最多时间”10s、“单位时间”1s 的动画；

②我们先选择“动画设置”按钮，将“最少时间”修改为“1.000”，“最多时间”修改为“10.000”，“单位时间”修改为“1.000”，点击“确定”即可（如此就在动画编辑器形成一个 10 秒的时间轴），如图 9-11 所示。

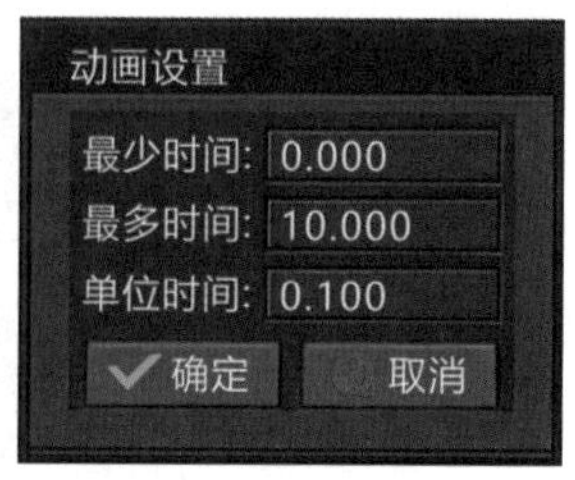

图 9-11　时间设置

（2）对单个动画模块进行时间调节：可以选择单个坐标按钮，也可以对多个坐标按钮一起进行操作，具体如下。

按住“Ctrl+”键，用鼠标选中坐标按钮，然后调整至需要的动画，如图 9–12 所示。

图 9–12　关键帧调整

四、调整关键帧参数

调整完时间之后需要调整关键帧，接下来我们学习一下如何调整关键帧参数：在编辑器界面通过添加所需进行 track 编辑的节点进行参数值的编辑，将其添加到编辑器中通过跟踪来控制参数值，但在编辑器中启用跟踪时，不能对其进行改变，为了在此基础上能够添加新的关键帧，须遵循如下步骤：

（1）通过按钮 E 来开启 / 禁用追踪；

（2）调整参数（比如参数的值，关键帧的移动等）；

（3）对加入编辑端的关键帧进行一个参数的追踪；

（4）将时间滑块的位置设置至合适的位置点击，会出现图 9–13 中所示的位置点；

（5）点击追踪位置；

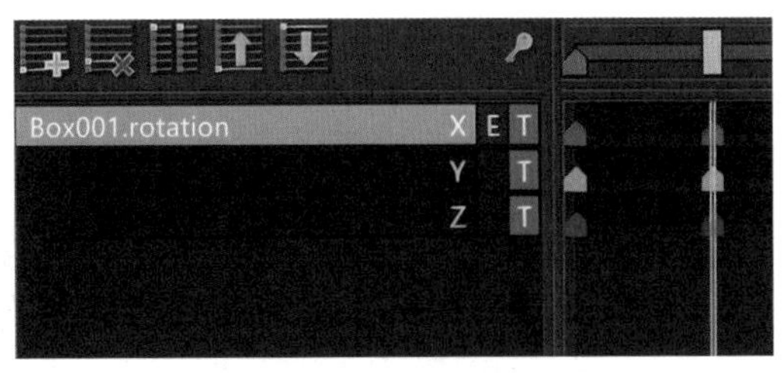

图 9–13　锁定关键帧

（6）点击在编辑器中添加关键帧的值；

（7）再次点击 E，之后选择播放按钮来播放动画。

五、动画效果预览

动画制作完成之后，接下来我们来介绍一下如何预览之前制作好的动画。

（1）保存制作好的动画，选择动画编辑器底部的播放按钮进行播放预览，如图 9–14 所示；

（2）点击保存制作好的动画，在侧面菜单选择交互编辑器、逻辑菜单，选择任务、触发器，键盘、底部菜单选择资源面板，选择 tracker，拖动之前保存的动画至交互编辑器（图 9–15），点击“保存”，再至 IdeaVR 顶部菜单选择预览按钮播放。

第二节　动画制作

一、位移动画

移动 node（节点）（例如，在动画平台

图 9–14　动画编辑器自带预览功能

图 9–15　通过交互编辑器进行动画预览

上面进行上下左右的移动），可以遵循以下步骤：

（1）通过 IdeaVR 左侧快捷键打开动画编辑器；

（2）点击添加一个新的 track；

（3）在 Add parameter 界面选择 node 下的 position，点击“确定”；

（4）进入 select node 界面，选择自己所需要用来移动的 node，点击“确定”；

（5）如需添加其他 track 模式，重复（3）、（4）步骤；

（6）选中需要移动的节点，点击 E；

（7）拖动坐标系将 node 移动到新的位置，点击 ，创建关键帧（关键帧在轴上，注意轴的位置）；

（8）将出现的关键帧拖动到前面 / 后面对应的空档处（以便下一次出现关键帧时不与当前的重复）；

（9）点击 E，点击 ，播放动画，具体演示如图 9–16 至图 9–20 所示。

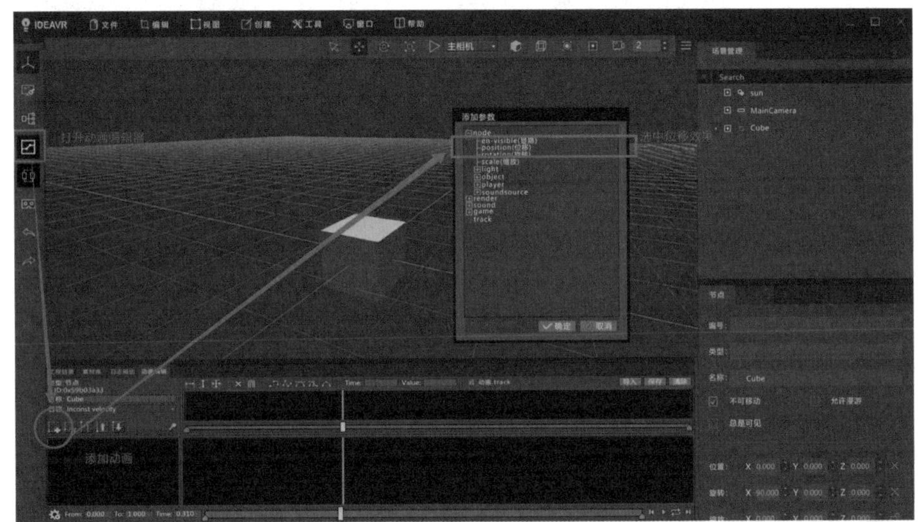

图 9–16　添加位移

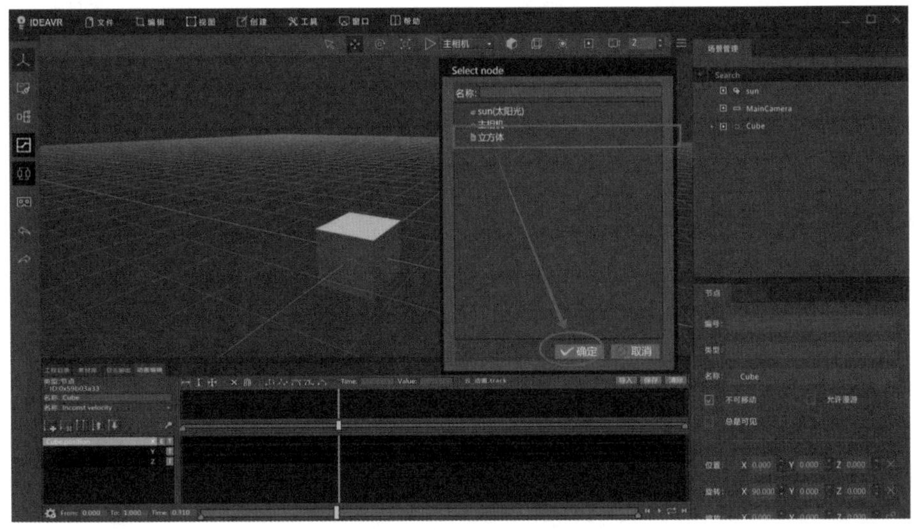

图 9–17　选择立方体

点击“确定”，然后选择要进行动画制作的模型或节点（此处为立方体）。

缩放动画、旋转动画同理。

二、缩放动画

（1）通过 IdeaVR 左侧菜单打开动画编辑器；

（2）点击添加一个新的 track；

（3）在 Add parameter 界面选择 node 下的 scale，点击“确定”；

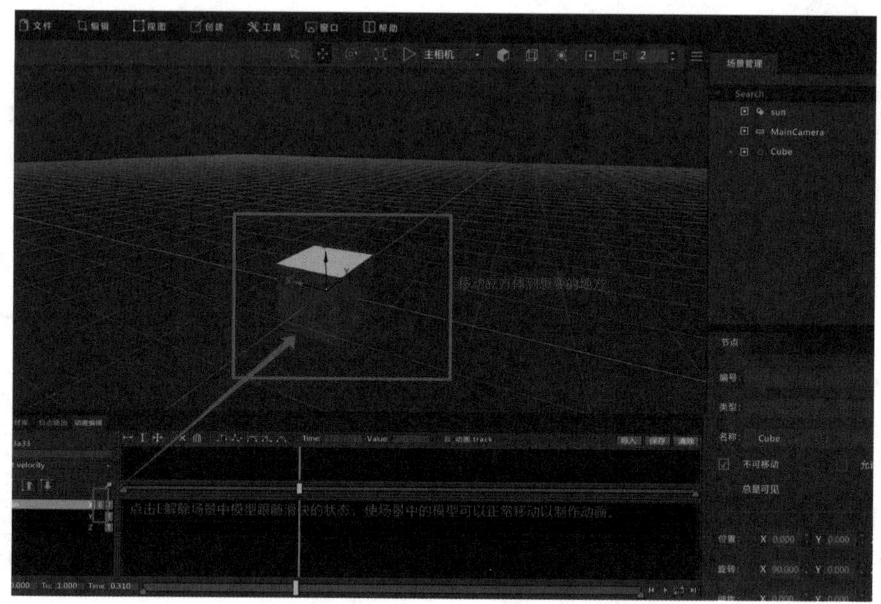

图 9-18　移动立方体至想要的地方

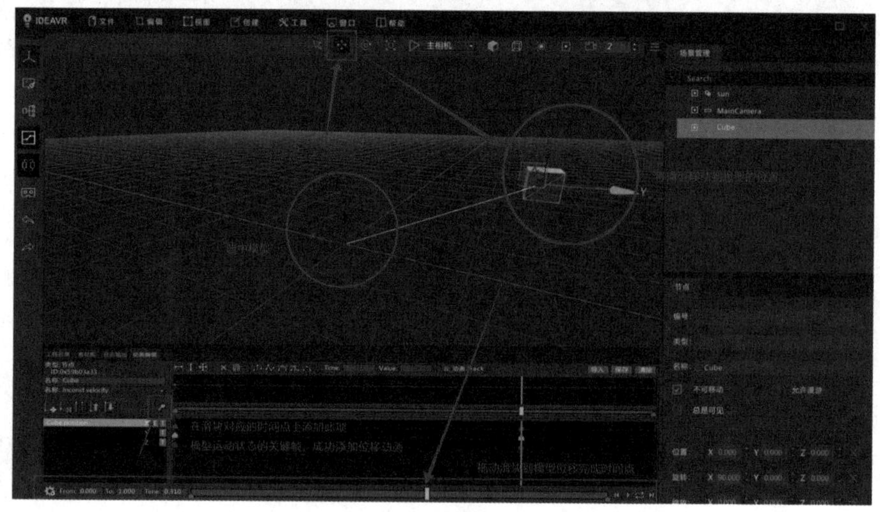

图 9-19　移动模型

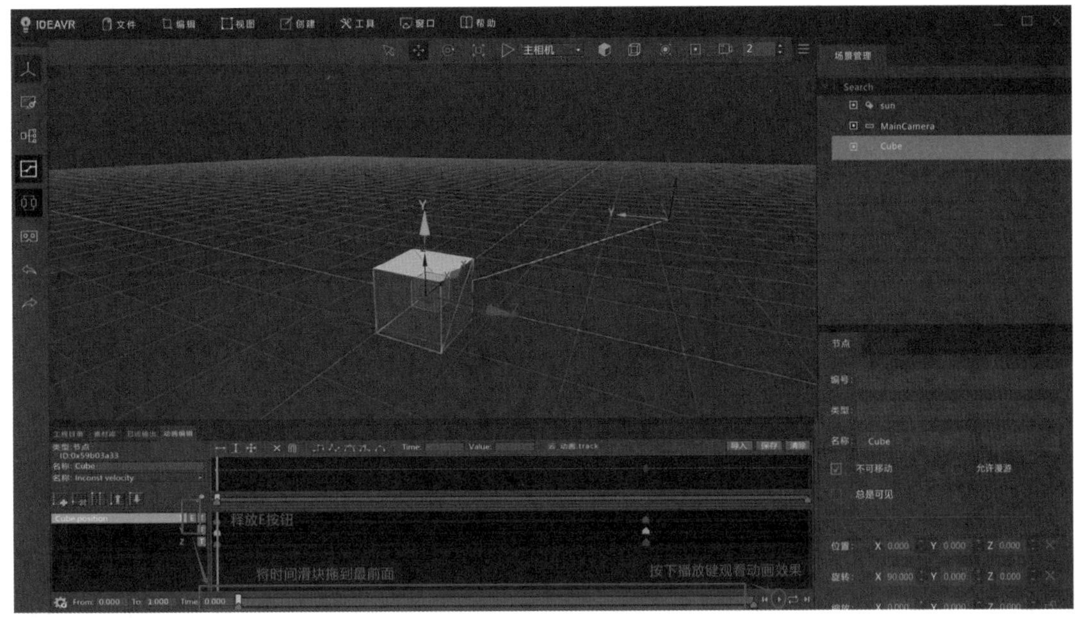

图 9-20　移动动画

（4）进入 select node 界面，选择自己所需要用来翻转的 node（节点），点击“确定”；

（5）如需添加其他 track 模式，重复（3）、（4）步骤；

（6）参照移动 node（节点）设置关键帧的方法，修改关键帧的属性；

（7）点击 E，点击 ▷，播放动画，如图 9-21 所示。

三、相机路径动画

在制作相机路径动画时需要在 IdeaVR 创建菜单中创建相机，以便为接下来制作动画提供便利，如图 9-22 所示。接下来在右侧模型信息栏选择刚刚添加的相机模块“Player Dummy”，点击打开相机预览图，如图 9-23 所示。这样我们就可以在制作动画的时候看到相机拍摄的内容以及相机运动的轨迹。

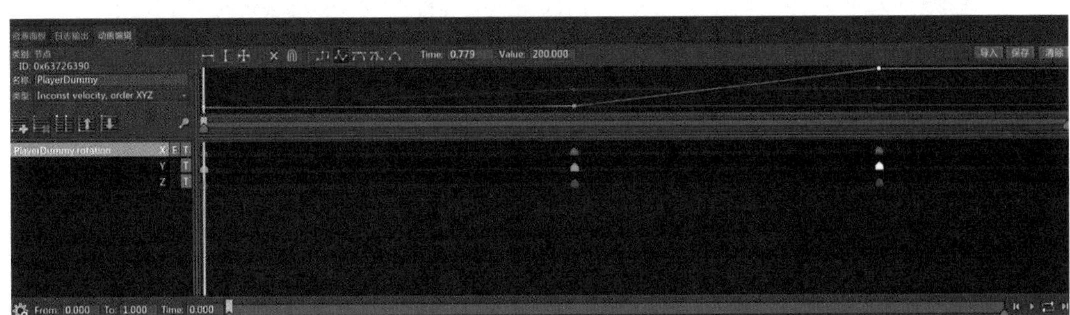

图 9-21　缩放动画关键帧

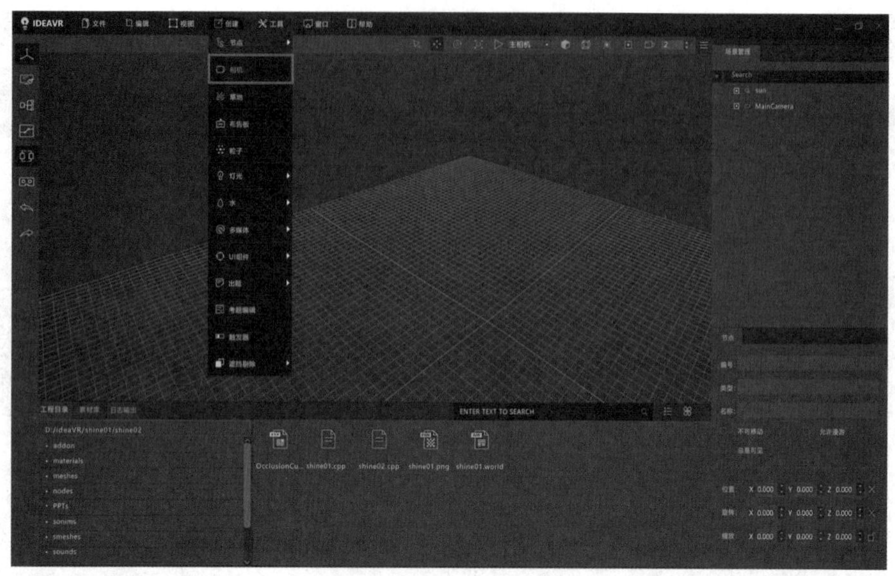

图 9-22　创建相机节点

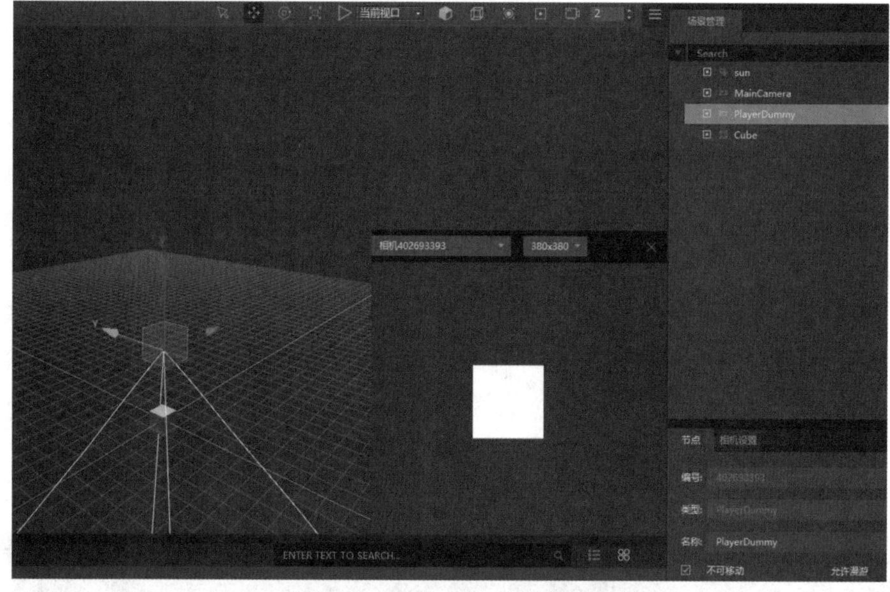

图 9-23　打开相机与预览图

制作一个带位移加旋转的相机路径动画：

（1）选择动画编辑器打开动画面板，点击“添加动画编辑器”—“position”（位置动画），点击“确定”。

（2）选择 PlayerDummy（相机名称）点击“确定”。

（3）制作动画路径，参数如下，效果如图 9-24 所示。

（4）制作旋转动画，选择“添加参数”—“rotation”（旋转）—“确定”—“PlayerDummy”

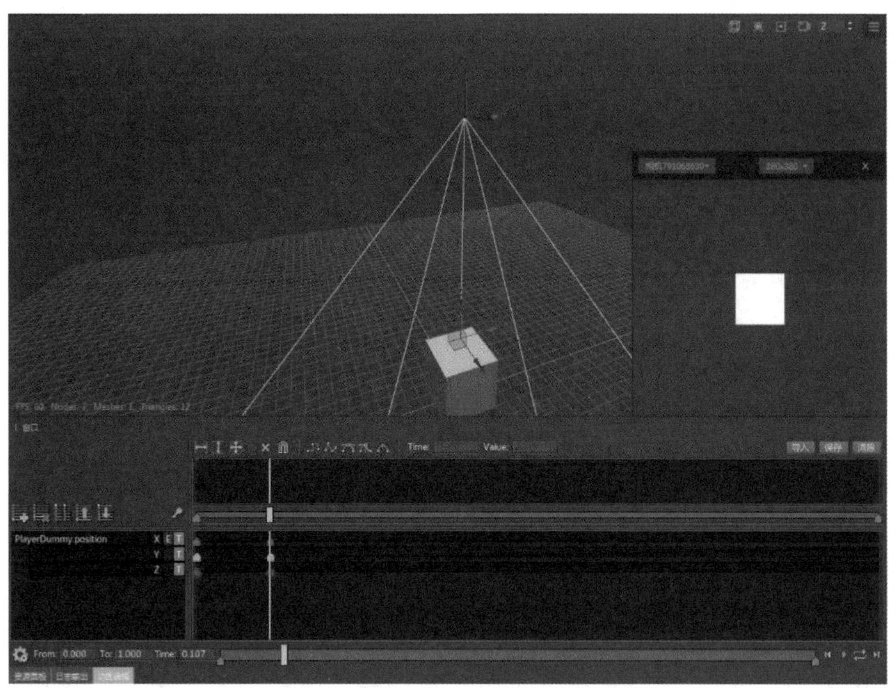

图 9–24 创建相机位移动画

（相机名称）—“确定”，如图 9–25 所示。

（5）旋转动画参数 X 数值 0.000、Y 数值 0.000、Z 数值 80.000。

提示：可以通过修改动画时间的长短来精确修改动画路径：选择“动画设置”，将“最多时间”修改为“10.000s”，点击“确定”。

（6）制作相机移动路径 ：选择“position”（位移）—“PlayerDummy”（相机模块），如图 9–26 所示。

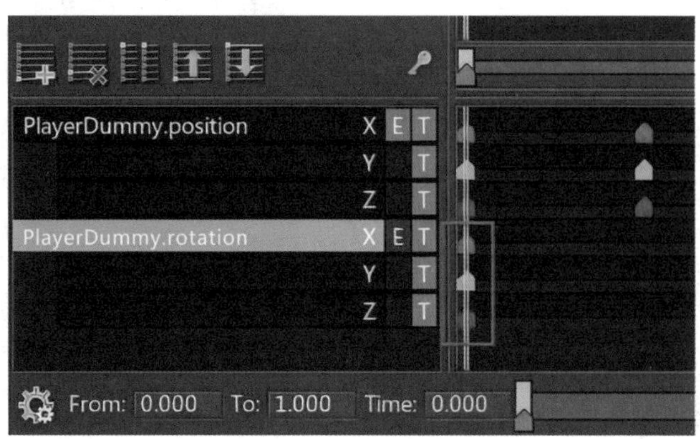

图 9–25 创建相机旋转动画

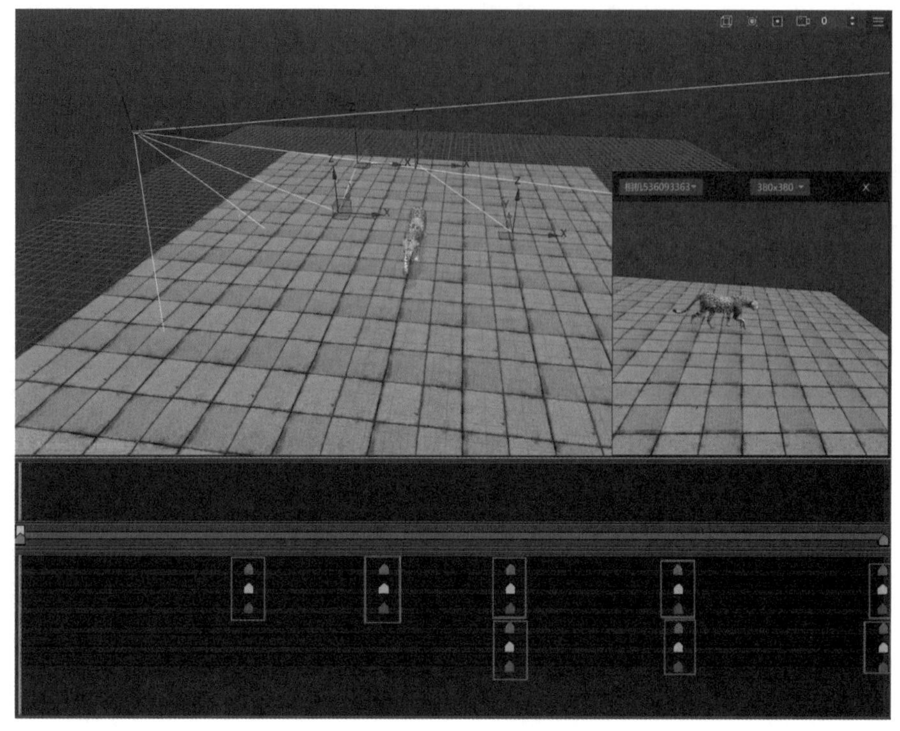

图 9–26　制作相机移动路径

四、骨骼动画

用户可以直接在 3ds Max 软件内制作绑定骨骼动画的人物或动物模型，在动画编辑器里制作控制骨骼动画的播放和停止，使用 FBX 的模型导入 IdeaVR 后，对骨骼动画进行播放、循环等操作，如图 9–27 所示。

图 9–27　导入骨骼动画

当用户导入骨骼动画模型后，可以在属性面板修改动画的相关参数，如图 9–28 所示。

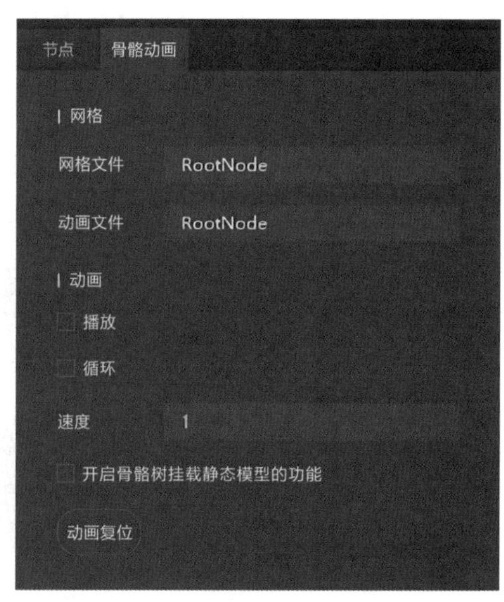

图 9–28　参数设置

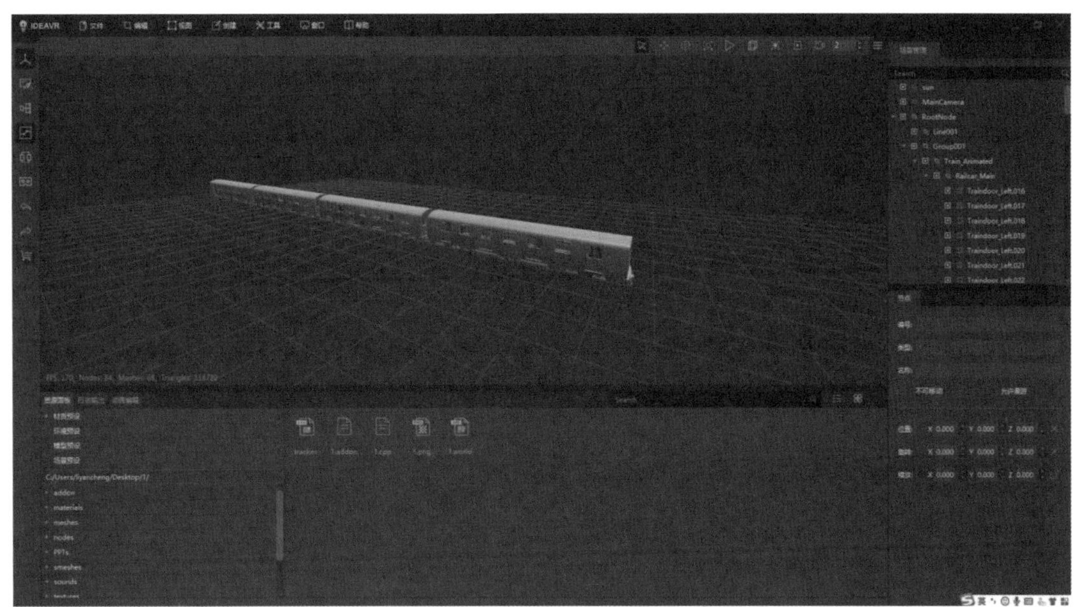

图 9–29 导入带路径动画的模型

（1）“播放”：勾选“播放”后，骨骼动画会自动播放。（仅在编辑端看效果用）

（2）“循环”：勾选“循环”后，骨骼动画会循环播放。（仅在编辑端看效果用）

（3）“速度”：默认数值为 1，可以根据实际动画速度修改数值，范围在 1—200 内。

（4）“开启骨骼树挂载静态模型功能”：勾选后，可以在指定的骨骼节点上挂载静态模型。

（5）“动画复位”：点击后，动画会恢复到初始状态。

五、路径动画

路径动画即用户在 3ds Max 或 Maya 等建模软件内通过内置的动画编辑器制作的关键帧动画，这个动画类型目前也可以通过导入模型直接在 IdeaVR 生成对应的关键帧动画，用户只需一键导入该路径动画，即可对动画做修改。

操作方式如下：

导入一个名为 yeyading.fbx 的模型，该模型自带路径动画，导入后需保存为工程文件，如图 9–29 所示。

打开动画编辑器，点击“导入”，把已保存的地铁路径动画加载到动画编辑器内，如图 9–30、图 9–31 所示。

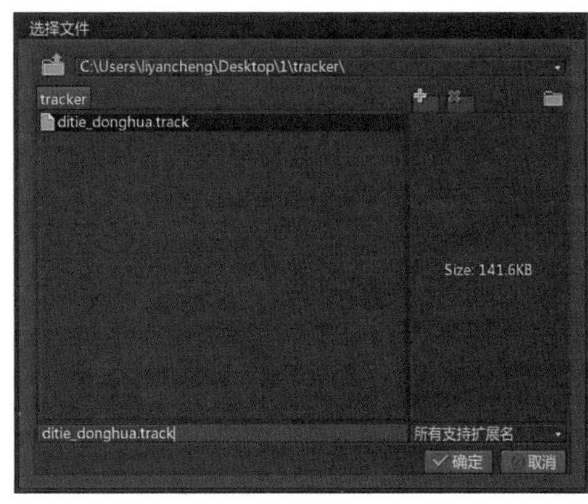

图 9–30 导入路径动画

图 9-31 修改路径动画

用户可以根据“动画编辑器的概述”这一节的学习来修改该路径动画对于非单个模型的路径动画，导入后动画属性栏会出现相应的参数设置。

第十章

粒子特效介绍

如何实现现实世界里面的烟火、雷电、雨雪、浓雾等效果是 VR 制作过程中的一大挑战。它们不仅仅烘托了氛围，更重要的是可以让场景看上去更加真实可信。为此，IdeaVR 提供了一整套的特效模块来解决这个问题，达到了不错的预期效果。

第一节　粒子系统概述

粒子系统是三维计算机图形学中模拟一些特定的自然现象的技术，而这些现象是很难用其他传统的渲染技术实现其真实感的。经常使用粒子系统模拟的现象有火焰、爆炸、烟雾、水流、火花、落叶、云、雾、雪、尘、流星尾迹或者像发光轨迹这样的抽象视觉效果等。

粒子系统支持创建二维粒子和三维粒子。二维粒子和三维粒子的最大区别是二维粒子是以材质图片为基础，而三维粒子是以三维模型为基础。创建步骤上二者基本相似，唯

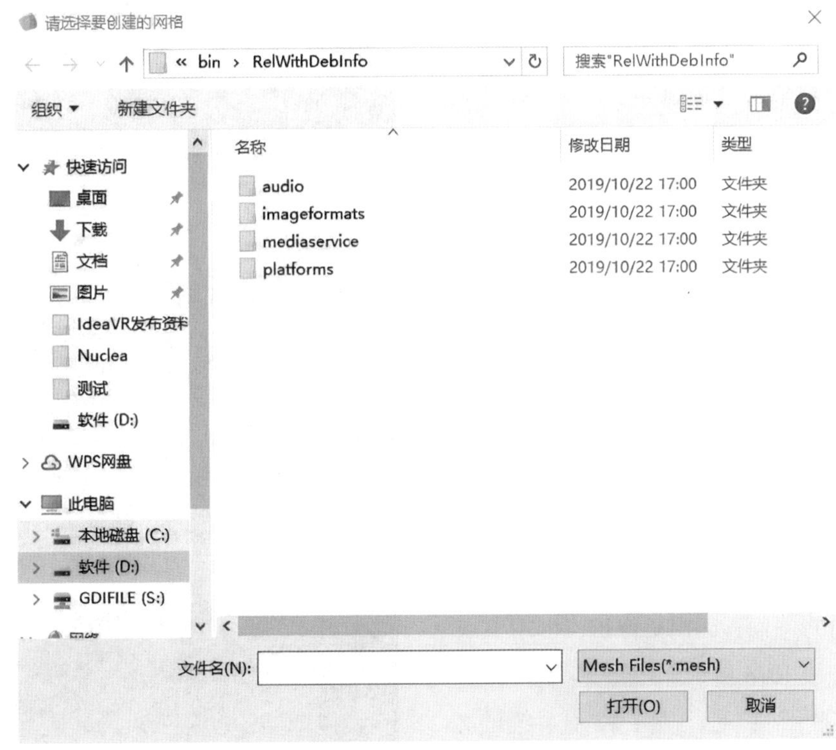

图 10–1　选择 3D 粒子模型

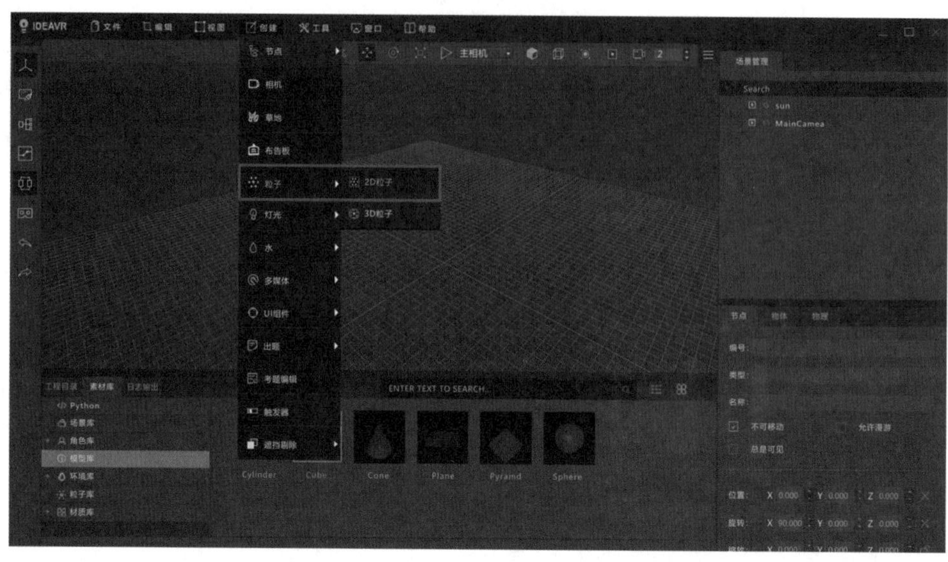

图 10–2　创建粒子

一区别在于当用户通过菜单（IdeaVR 菜单—“创建”—“粒子”—“3D 粒子”）创建三维粒子需要用户首先选取模型，如图 10–1 所示。

下面以二维粒子为例，介绍创建粒子系统的方法。选择 IdeaVR 菜单—“创建”—“粒子”—“2D 粒子”，如图 10–2 所示。

IdeaVR 中的粒子系统属性分为“节点”“物体”“参数”“粒子动态效果”“粒子外力”“粒子导流器”六个部分。

第二节　粒子系统的基本参数

一、粒子的常用属性

如图 10–3 所示为粒子属性面板，其参数栏是粒子的对应设置，常用的参数如下：

（1）“告示牌”：最常用的类型，它们是旋转的正方形平面，面向摄像机，可用于烟的创建，如图 10–4 所示。

（2）“平面”：是垂直于粒子系统的 Z 轴，它可以很好地模拟平面上的某些效果，

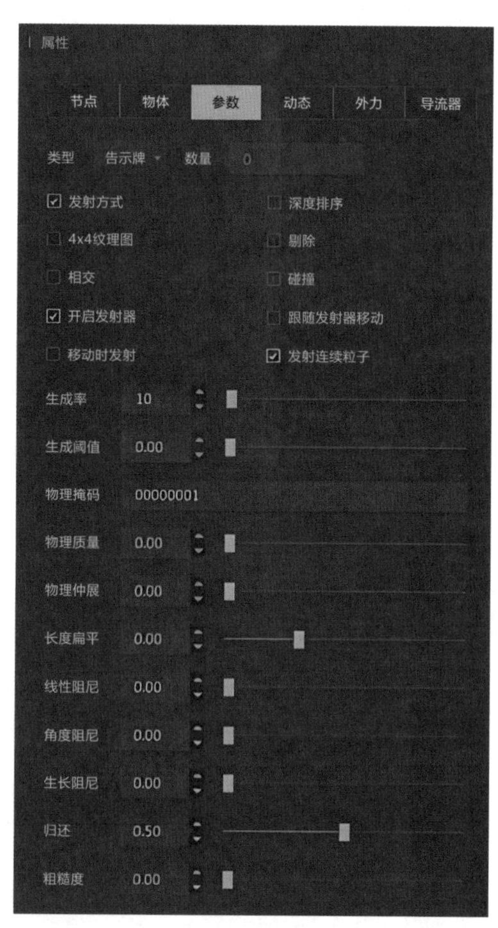

图 10–3　粒子属性面板

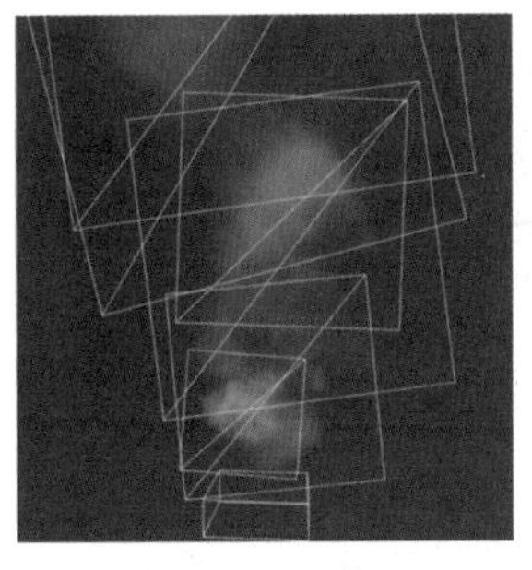
图 10-4 告示牌类型

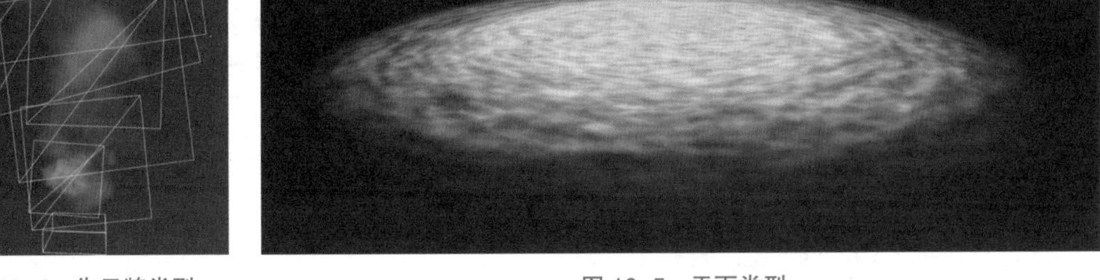
图 10-5 平面类型

像水面，如图 10-5 所示。

（3）“点”：看上去很像告示牌类型，它们也总是面向摄像机，但是它们是与屏幕保持对齐（告示牌会旋转，点不会转），如图 10-6 所示。

（4）“长度”：它是告示牌类型粒子（选择它之后，下面的“长度伸展”和“长度扁平”两个参数选项也会被激活），能够沿着它们的运动方向被拉长，伸展是可调因素，使用这种粒子可以有效地模拟火花、火星儿和斑点、飞溅的水花等，如图 10-7 所示。

（5）“随机”：是正方形粒子，在空间中随机地取向，方向不定，可以模拟叶子飘落的效果，如图 10-8 所示。

（6）“路线”：是被用来创建移动的对象的（轨迹）路径，例如，一艘船后的泡沫线，它们可以实现类似平面类型粒子实现的功能，如图 10-9 所示。

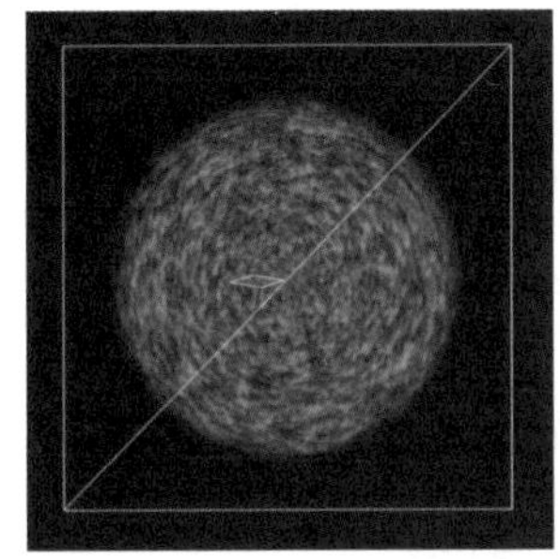
图 10-6 点状效果

图 10-7 长度效果

图 10-8 随机效果

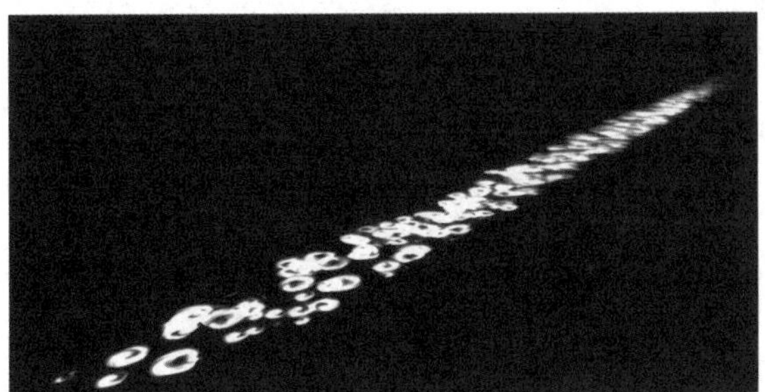
图 10-9 路线效果

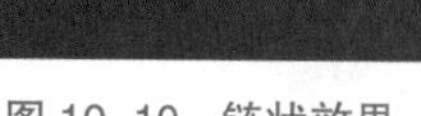

图 10–10　链状效果

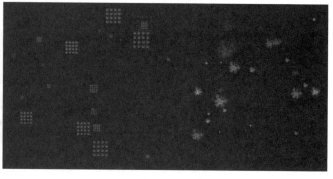

图 10–11　纹理图效果

（7）“链”：它们是布告牌类型粒子，能形成一个连续不断的视觉效果，它们的长度直接取决于发射器的粒子出现频率，如图 10–10 所示。

（8）“4×4 纹理图”：勾选后可启动序列贴图，如图 10–11 所示。

（9）“开启发射器”：勾选后可启用发射器。

（10）“移动时发射”：粒子只在粒子系统移动时产生，可以在成为父节点的子节点后移动或者按其他方式定义移动。

（11）“跟随发射器移动”：开启“移动时发射”后，移动发射器，粒子也将移动，因为它们的变化取决于发射器的变化。

（12）“发射连续粒子”：启动后，粒子会跟随移动发射器产生。

（13）“碰撞”：如果粒子系统的“碰撞”选项启用了，粒子会发生交互或者碰撞，引擎将不去渲染粒子。如果这个选项是禁用的，粒子的行为将会取决于其他参数。比如，它们可以出现在几何体表面作为贴花物体或者从表面反射并且继续移动。

（14）“相交”：撞到障碍物后（如果“碰撞”选项是禁用的），它们会从表面弹跳下来而不是滑下来。这个选项可以模拟包含飞溅的水花的效果。弹力的效果强度取决于粒子的归还参数和对碰撞对象的归还设置。

（15）“生成率”：随单位时间生成粒子的数量，如图 10–12 所示（图分别为生成率为 20%、100%、500% 的效果）。

（16）“线性阻尼”：规定了粒子的先行速度随时间的减少而被用来模拟介质摩擦时对粒

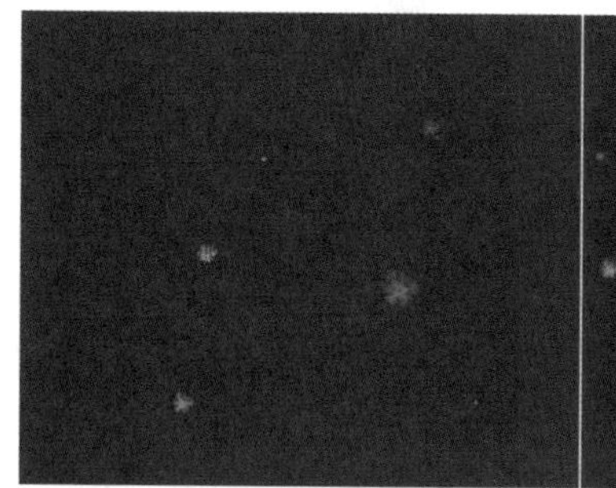

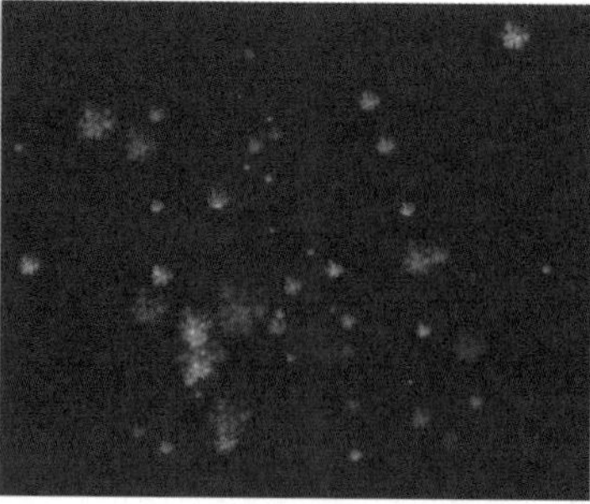

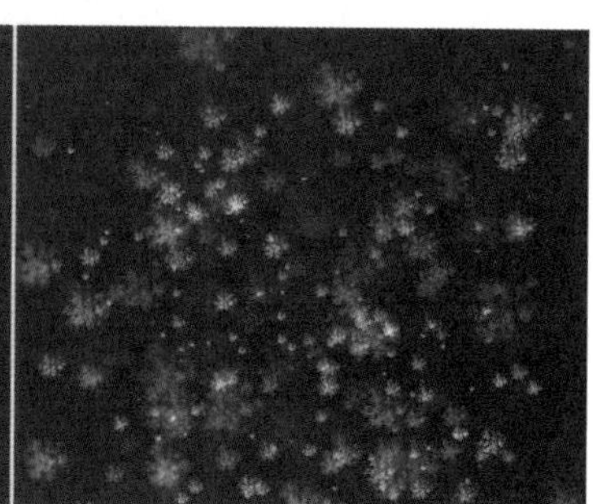

图 10–12　不同生成率效果

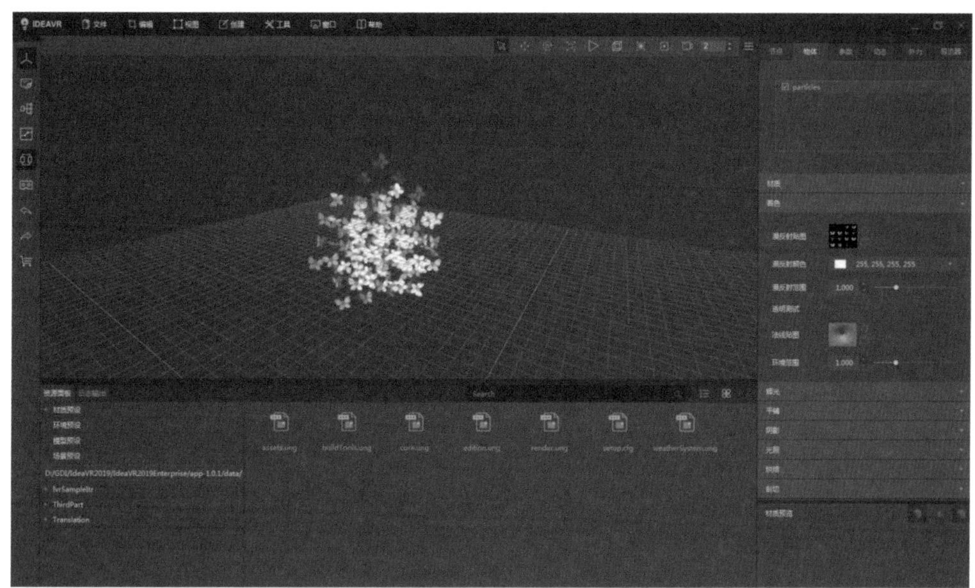

图 10-13 蝴蝶粒子效果图

子的影响，换句话说，这个参数可以显示粒子的速度有多快。如果值设为 0，粒子的速度在所有生存时间中保持不变。数值越高，粒子随时间减少的速度就会越快，直到完全停下。

（17）“角度阻尼”：是调整粒子旋转速度的参数。将参数设置为 0，粒子将在所有生存时间里不断地旋转。值越高，会更快地失去角速度，直到它们变得完全不旋转。

二、粒子的纹理贴图

点击物体中要修改的材质，在材质面板中单击“着色”，点击漫反射下按钮，选择对应的序列图片，勾选参数栏中“4×4 纹理图”。图 10-13 为修改图中纹理贴图的样例。

三、粒子的动态属性

粒子属性面板的参数栏是发射器的对应设置，如图 10-14 所示，常用的参数如下：

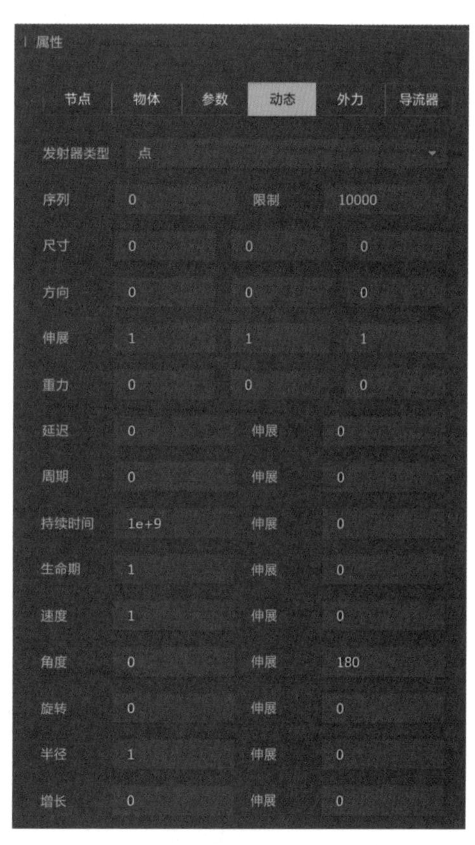

图 10-14 粒子动态属性面板

（1）“点”：粒子是从一个单独的点发射的。

（2）“球体”：粒子是从一个球体表面上随机的点生成的，它有一个特定的半径。

（3）“圆柱体”：粒子是从一个圆柱体表面上随机的点生成的，它有具体的半径和高。

（4）“立方体”：粒子是从一个盒子表面上随机的点生成的，它有宽（X 轴）、高（Y 轴）和深度（Z 轴）。

（5）“序列”：设置粒子系统渲染的顺序，当创建一个复杂效果，如镜头（有火、烟等多重效果，镜头本身每次渲染不同的粒子系统），它允许设置一个里面的粒子系统层次的渲染序列，设置序列可以避免当从一个远的镜头看过去，火焰渲染在烟雾前这样的情况发生。具有最低序列的粒子首先被渲染并且被具有最高序列的粒子覆盖。

（6）“限制”：发射器在一帧中能产生粒子的最大数目是通过这个参数控制的。

（7）“尺寸”：通过使用发射器大小参数，能够指定粒子源的大小，字段数目（无论是半径还是边界纬度）取决于选择的类型。

（8）“方向”：指定所有发射粒子的方向移动形成一个流，发射方向指定沿着 X、Y、Z 轴向，值是阈值，这意味着粒子流在方向上偏离更大的值。

（9）“重力”：粒子的速度可以通过添加额外的重力被改变，有了这个参数，粒子方向可以被干扰，使粒子流沿着 X、Y、Z 轴转向偏移，粒子系统节点的旋转不影响重力矢量。

（10）“周期”：发射器产生的粒子不只是不断的，也是要间隔的，这个参数控制着时间周期，在粒子发生的时段，值越高，粒子产生的周期越长。

（11）“持续时间”：生成周期结束后，发射器可以暂停。如果将数值设置为 0，粒子将不断产生，没有任何停顿。如果无限指定，在一次生成周期之后，粒子发射器就不再活跃了。

（12）“生命期”：发射后，粒子从发生到消失的时间长短，比如 1 秒，即粒子存活时间为 1 秒。

（13）“速度”：设定运动方向上的粒子速度，值越大，粒子的运动速度就越快。

（14）“角度”：当粒子产生，它的方向在空间中通过指定角度已被定义，通过这个参数，可以创建更丰富的结构和更高的视觉复杂度。如果角度的 spread 值设置为 180 度，此粒子将随机取向所有方向。这个选项不能获取“点”和“长度”类型。

（15）“旋转”：要增加角速度到粒子使用旋转参数，从初始的方位角开始，粒子可以绕着自己的轴旋转，旋转参数确定其旋转运动的角速度。正数按顺时针旋转，负数按逆时针旋转。

（16）“半径”：粒子产生时的大小。

（17）“增长”：它定义了粒子的大小变化，伸展参数控制粒子的变化，比如，伸展正值的结果就是粒子在它们生成后不断地增加大小。

四、外力及导流器应用

1. 物理外力属性

物理外力属性如图 10-15 所示，可以通过添加外力来改变粒子的运动方向，该功能可用于模拟气体、水的弯曲流动等效果。

（1）“位置”：设定外力起始点相对于发射器的位置，并可以沿着 X、Y、Z 轴偏移方

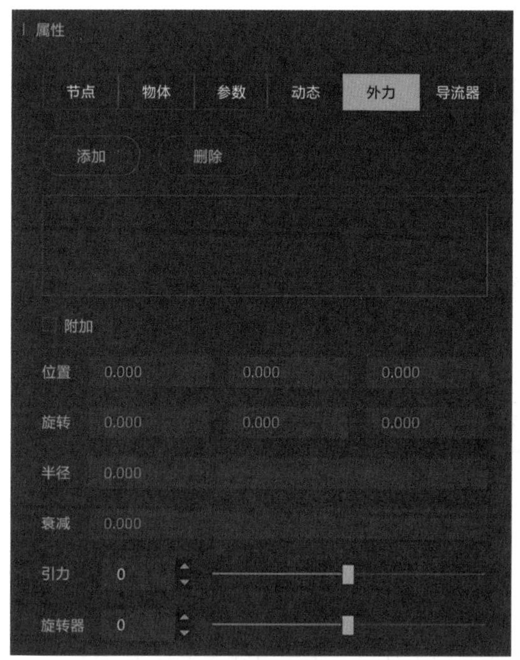

图 10-15　粒子外力属性面板

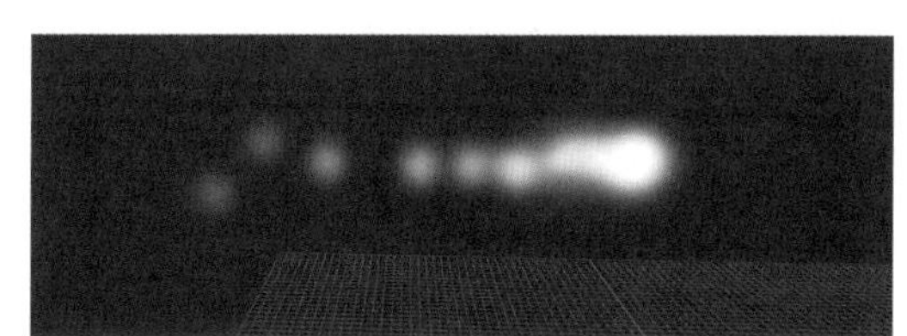

图 10-16　粒子增加外力效果图

向旋转，以此设定外力相对于发射器 X、Y、Z 轴转向的旋转角度。

（2）“半径”：设定外力的作用范围。

（3）“引力”：外力作用范围中的引力大小。

（4）“旋转器”：外力作用范围内的引力旋转角度对一个粒子增加外力后，效果如图 10-16 所示。

2. 导流器属性

导流器属性如图 10-17 所示，搭配外力作用，可使用导流器改变粒子连贯的运动方向，形成突破、折角等效果。

（1）“位置”：设定导流器起始点相对于

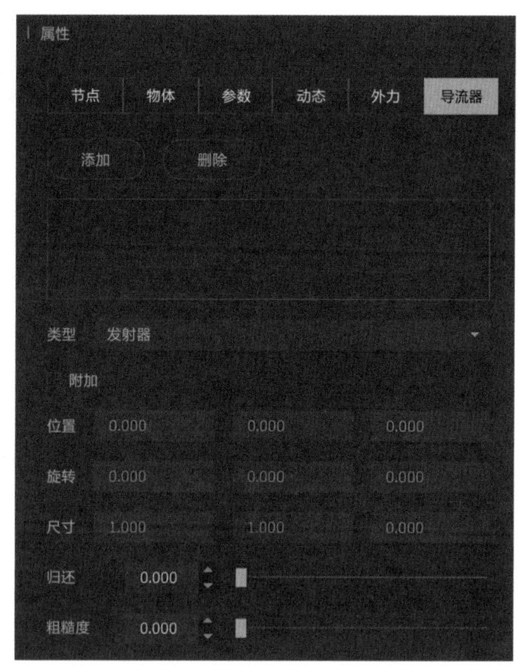

图 10-17　粒子导流器属性面板

发射器的位置，可以沿着 X、Y、Z 轴偏移旋转，这取决于导流器的旋转参数设置。

（2）“尺寸”：导流器的大小设置。

对前面增加过外力作用的粒子，再增加一个导流器效果，如图 10-18 所示，添加的导流器分正反方向，通过改变碰撞粒子的方向来改变粒子的运动轨迹。

第三节　动态火焰效果制作

下面我们运用 IdeaVR 引擎制作一段简单的火焰效果。素材准备：烟雾效果图、小火花图、大火花图。操作步骤具体如下。

（1）创建粒子；

（2）点击物体栏，点击着色栏，点击漫反射下 按钮，选择小火花图，并点击“确定”；

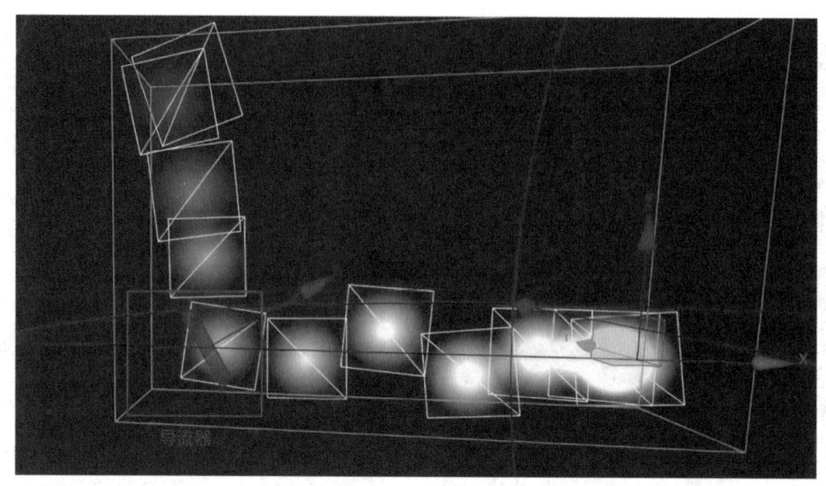

图 10–18 粒子增加导流器效果

（3）点击粒子属性栏参数，勾选“4×4 纹理图”，粒子类型选择“点”，生成率为“50”，效果如图 10–19 所示；

（4）点击动态栏，修改发射器类型为“立方体”，修改尺寸为（21.2，0.3），如图 10–20 所示；

（5）修改方向为（0，0，6），重力为（0，0，0.2），生命期及其伸展为（0.8，0.1），速度及其伸展为（0.6，0.4），半径及其伸展为（1，0.2），增长及其伸展为（–0.4，0.1），也可根据需求修改参数，如图 10–21 所示；

（6）完成火焰燃烧状态的模拟，可使用同样的方法制作多重火焰效果，添加地面、烟雾效果，如图 10–22 所示。

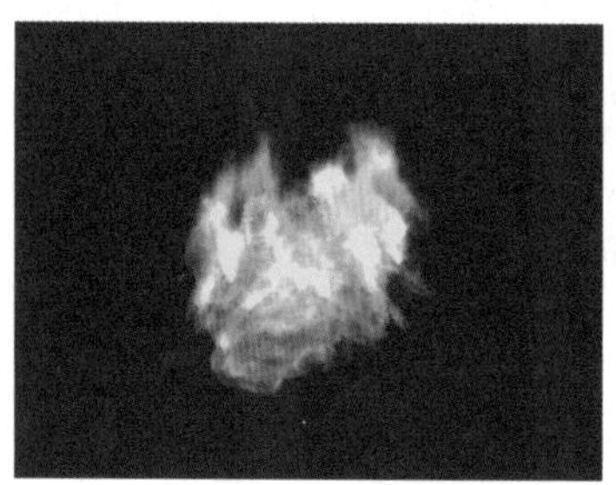

图 10–19 火焰的粒子效果（一）

图 10–20 火焰的粒子效果（二）

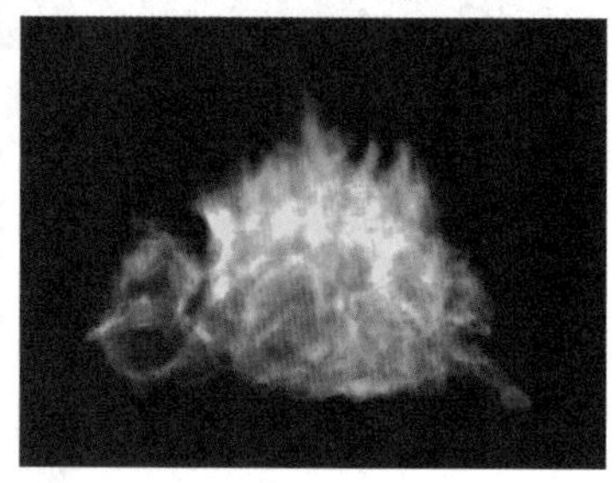

图 10–21 火焰的粒子效果（三）

图 10–22 火焰的粒子效果（四）

第十一章
交互编辑器介绍

交互是 VR 的灵魂所在，好的交互会让人有身临其境之感。但是市面上很多 VR 引擎需要掌握计算机语言才能够制作交互，这大大提高了制作的门槛。为了满足广大 VR 爱好者以及学校的师生，以需求 IdeaVR 开发出了非编程的交互编辑器，类似于虚幻蓝图，初学者只要根据基本逻辑就可以进行交互编辑，极大地降低了制作门槛，提高了制作效率。

第一节　交互编辑器功能简介

一、菜单界面简介

交互编辑器界面可通过菜单栏或者左侧的快捷工具栏 打开，IdeaVR 交互编辑器界面如图 11-1 所示。

（1）文件管理工具： 新建；

图 11-1　交互编辑器界面

 保存；

 另存为；

 布局，逻辑单元的自动排版功能。

（2）“逻辑单元库”：提供各种图形化的逻辑单元，后面章节会对各个逻辑单元功能进行详细介绍。

（3）“工程文件”：显示场景中已保存的交互逻辑文件，可通过鼠标将交互文件直接拖入逻辑编辑区视口中进行查看。

（4）逻辑编辑区：主要用于对逻辑单元和逻辑单元之间彼此的连接进行可视化编辑，如图 11–2 所示；可直接将需要的逻辑单元拖入该界面窗口中进行使用，该界面中的单元可从场景管理器中直接拖入节点（包括音频、视频、空间触发器节点），也可在资源面板中打开 tracker 文件，直接拖入动画使用。

二、逻辑单元介绍

IdeaVR 引擎中交互编辑器通过连线的方式，连接逻辑单元之间的行为关系，实现场景中的行为逻辑。交互编辑器中，提供常用的行为逻辑单元，下面对交互编辑器中的逻辑单元逐个进行简单的介绍。

1. 任务

用于一条任务的开始，可以控制任务的激活与循环命令；如图 11–3 所示，可在任务输入框输入任务名称，可勾选是否“激

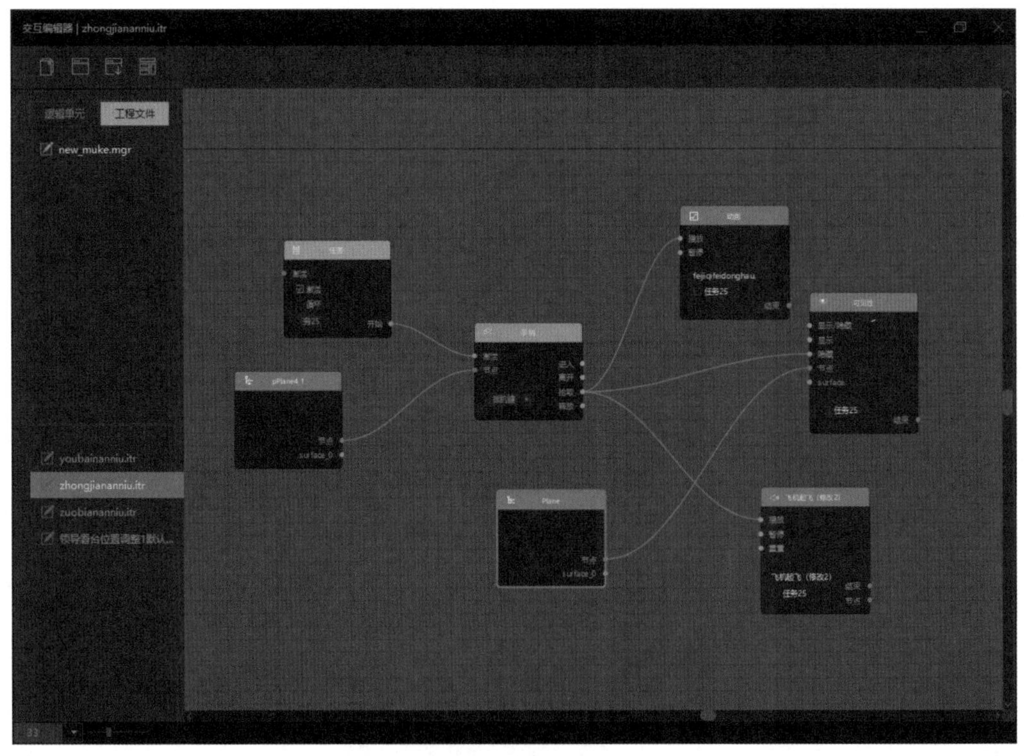

图 11–2 编辑区示意图

活”与“循环”两个任务状态，“开始”逻辑用于连接任务的激活方式。

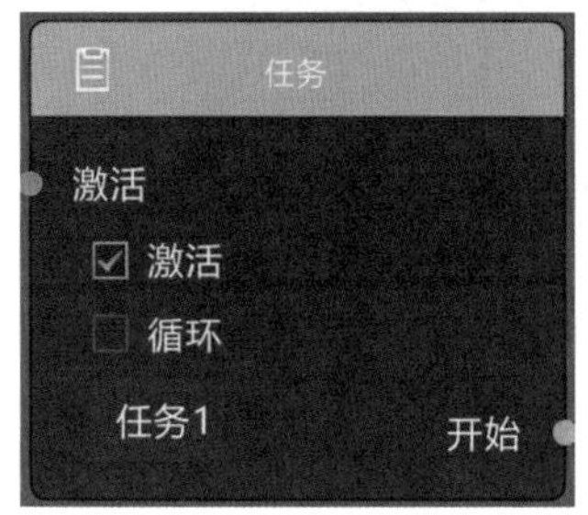

图 11–3 任务模块

2. 触发器

该类逻辑单元为事件的触发方式，当前常用的触发方式有“鼠标”“键盘”“手柄”“空间触发器”四种。

（1）“鼠标”：触发方式包括“左击”“右击”“双击”，在视口内进行该三种操作即可触发事件，如图 11–4 所示。

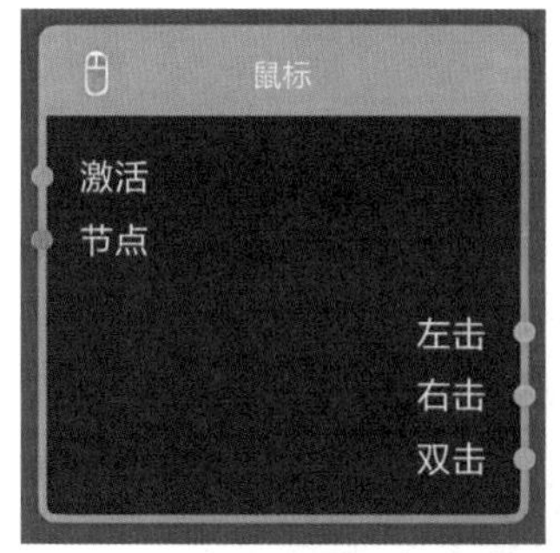

图 11–4 鼠标触发

（2）“键盘”：触发方式包括“按下”和“释放”两种，当前版本键盘仅支持字母键触发事件（字母不分大小写），暂不支持数字键和其他符号键触发事件，如图 11–5 所示；该功能和“W”“A”“S”“D”“Q”“E”这类控制移动的按键有冲突，在触发成功的同时视口会按照所按键盘进行一定程度的位移。

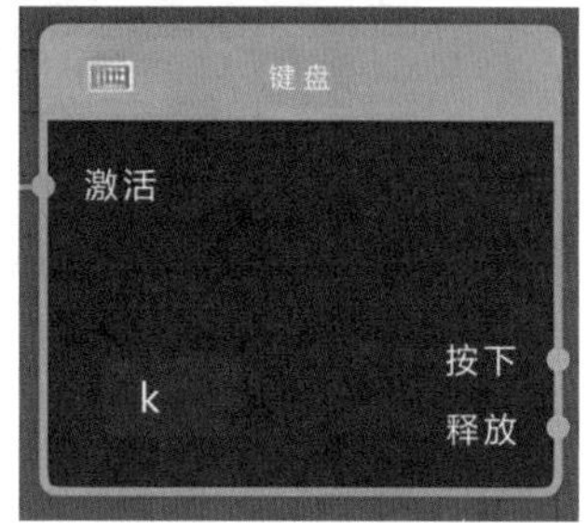

图 11–5 键盘触发

（3）“手柄”：通过手柄对具体节点进行触发，触发方式有“进入”“离开”“拾取”“释放”四种，手柄射线触碰到具体节点为“进入”，射线从物体上移开即为“离开”模式；而“拾取”与“释放”是通过手柄按键对节点进行操作来实现，“拾取”为射线指向节点后按下对应手柄操作键触发，“释放”为射线指向节点按下对应手柄操作键后释放该按键来触发；逻辑单元如图 11–6 所示。

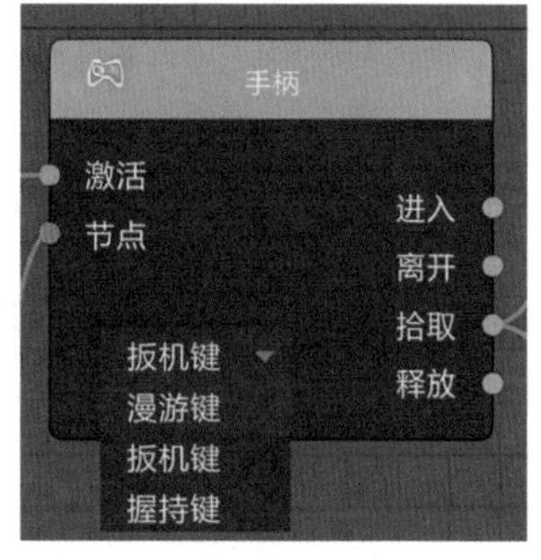

图 11–6 手柄触发

其中“手柄”触发键有“漫游键”“扳机键”“握持键”；在 G–motion 追踪环境下该三个按键功能均映射至确定键（5 键）。

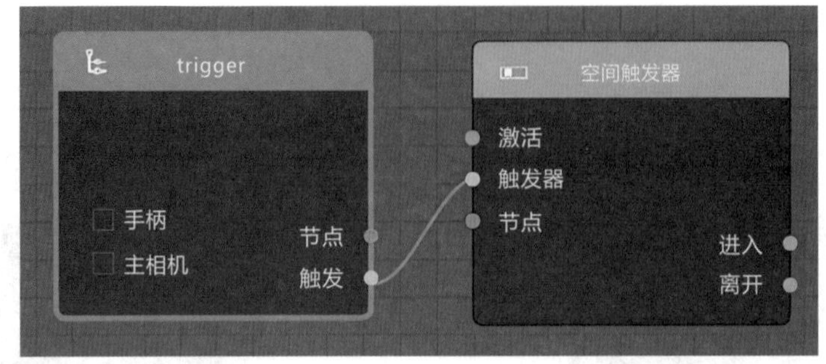

图 11-7　空间触发器

另外逻辑单元中的 节点 连接需要进行手柄操作的节点单元框。

（4）“空间触发器”：通过空间触发器触发事件，搭配场景中创建的空间触发器节点使用，触发方式有“进入”和“离开”两种，如图 11-7 所示。

在编辑区拖入空间触发器 trigger 节点，连接触发关联；“进入”和“离开”触发空间触发器的类型有三种：

①手柄离开或进入，在触发器节点单元中勾选“手柄”状态即可，则手柄进入或离开空间触发器范围时触发事件；②主相机进入或离开，在触发器节点单元中勾选“主相机”状态即可，则当视口移动至空间触发器内或离开时触发事件；③物体进入或离开，在空间触发器逻辑单元节点接口连接进入或离开的物体节点即可，则通过物体移动进入或离开来触发事件，如图 11-8 所示。

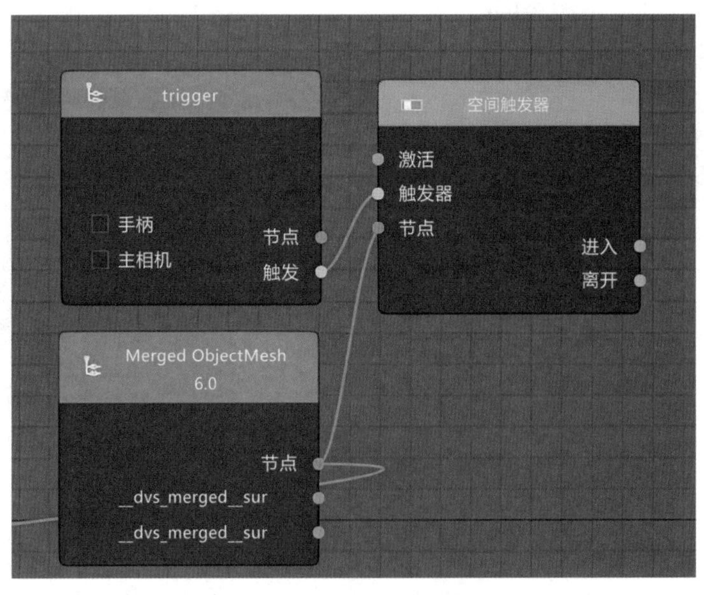

图 11-8　空间触发器示例

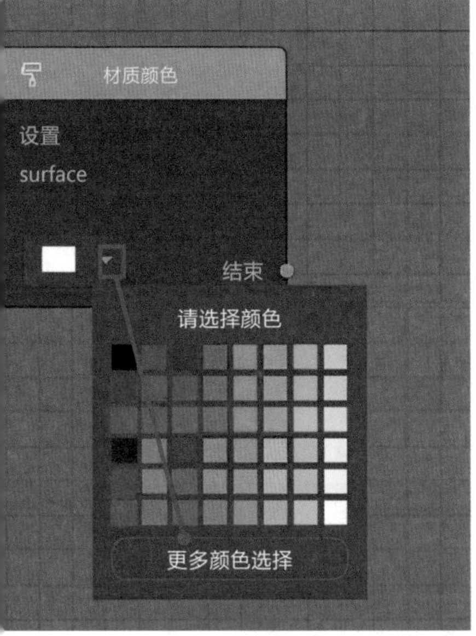

图 11–9 “材质颜色”事件

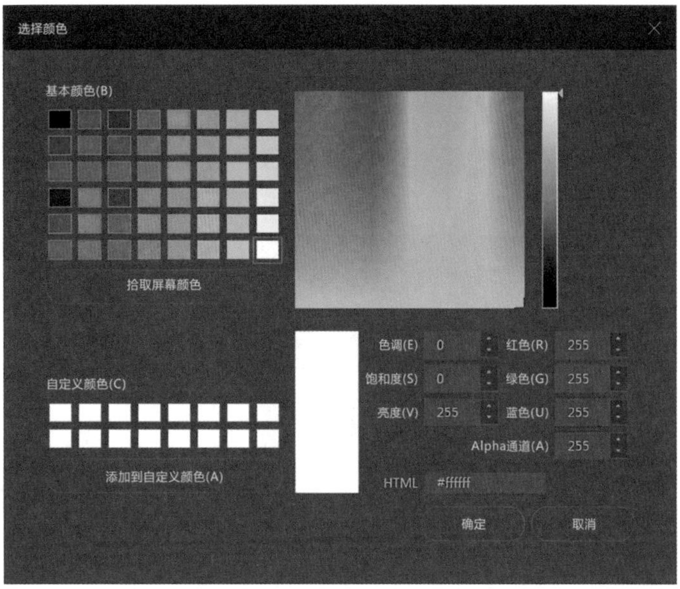

图 11–10 “材质颜色”设置

此外空间触发器节点单元本身也可作为一个节点使用，故该单元上还有一个节点接口。当空间触发器作为节点使用时，空间触发器作为节点使用的应用场景（例如空间触发器事件触发完毕后）将隐藏该空间触发器节点，后续不再触发该事件。

3. 事件

该类逻辑单元为事件单元，分为“颜色”“材质颜色强度”“材质贴图”“可见性”“气味”“手柄替换”“组合”“定时器”“初始化”“结束”10 个属性事件。

（1）“颜色”：通过该逻辑单元事件修改物体材质颜色，如图 11–9 所示，将需要修改颜色的“surface”与逻辑单元中的“surface”相连，并在逻辑单元中设置修改后的颜色，可直接修改或点开详细修改页进行设置，如图 11–10 所示。

（2）“材质颜色强度”：通过该逻辑单元事件可对物体的材质颜色的亮度进行修改，如图 11–11 所示，将需要修改颜色亮度的“surface”与逻辑单元中的“surface”相连，并调节修改后的颜色亮度值。

（3）“材质贴图”：通过该逻辑单元事件可对物体材质的纹理贴图进行修改，如图 11–12 所示，将需要修改纹理的“surface”与逻辑单

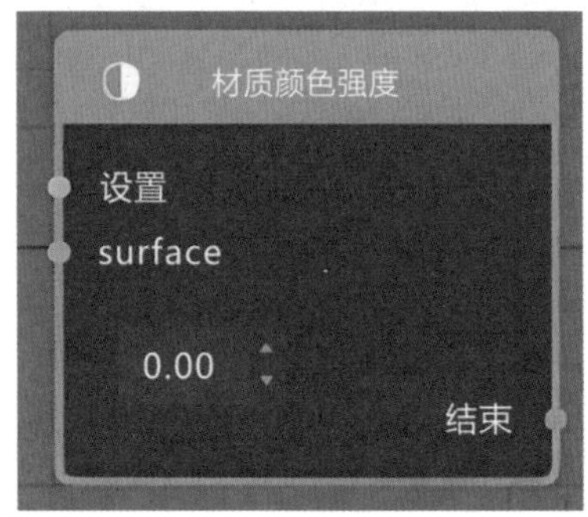

图 11–11 “材质颜色强度”事件

元中的“surface”相连，并点击，选择需要赋予的纹理贴图即可。

图 11-12 “材质贴图”事件

（4）“可见性”：该逻辑单元事件可改变物体的显隐状态，如图 11-13 所示，可见性事件接口分为以下几部分。

“显示 / 隐藏”：自动识别物体的初始状态，即直接改变物体初始显隐状态，原隐藏物体触发后显示，原显示物体触发后隐藏；

“显示”：触发后物体显示；

“隐藏”：触发后物体隐藏。

图 11-13 “可见性”事件

“可见性”事件单元中，可对物体节点或者物体的“surface”进行触发事件，根据需求将物体节点接口或“surface”接口连接至“可见性”对应接口处。

（5）“气味”：通过该逻辑单元事件可以结合相应的硬件，散发出气味，如图 11-14 所示，选择相应的“X 号口”，编辑“气味名称”和“气味时长”，选择一种触发方式连接打开节点，就可以让硬件散发气味，同时选择一种触发方式连接停止节点，也就可以让硬件关闭气味。

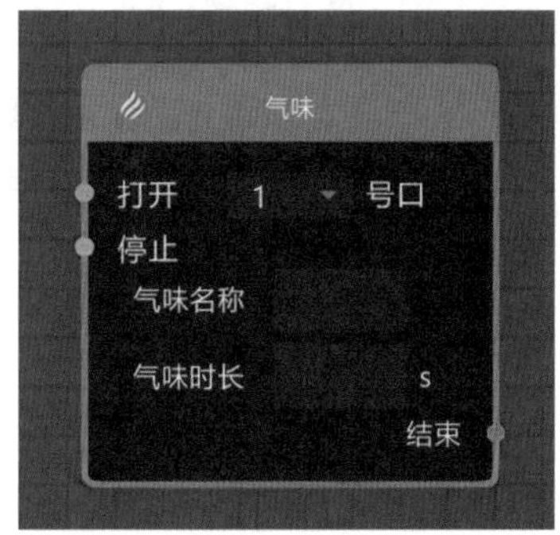

图 11-14 “气味”事件

（6）“手柄替换”：通过该逻辑单元事件可将手柄与选择的物体进行替换，如图 11-15 所示，将需要替换的物体与逻辑单元中的节点相连，在场景中，用手柄射线拾取物体，扣动扳机键，就可以将手柄替换成对应的物体，勾选“归位”后释放手柄，节点

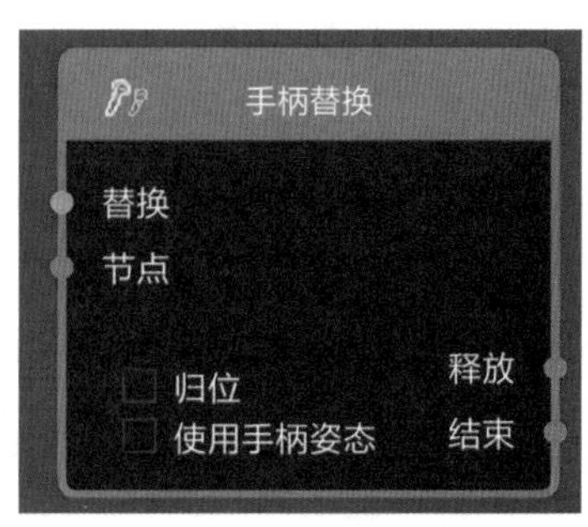

图 11-15 “手柄替换”事件

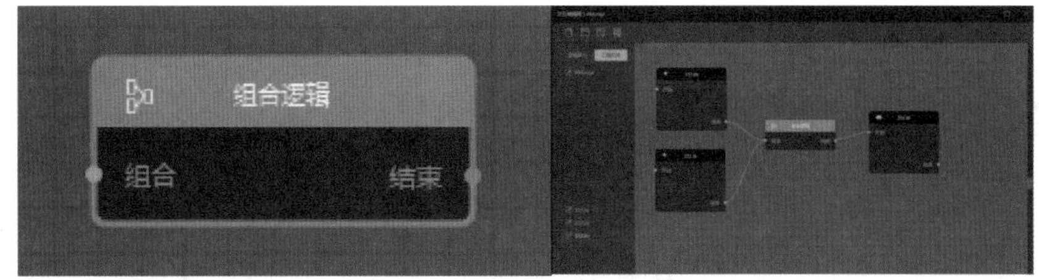

图 11-16　编辑“组合”

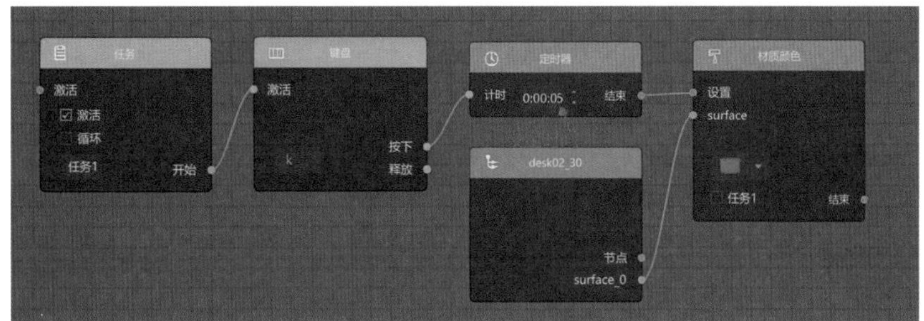

图 11-17　“定时器”

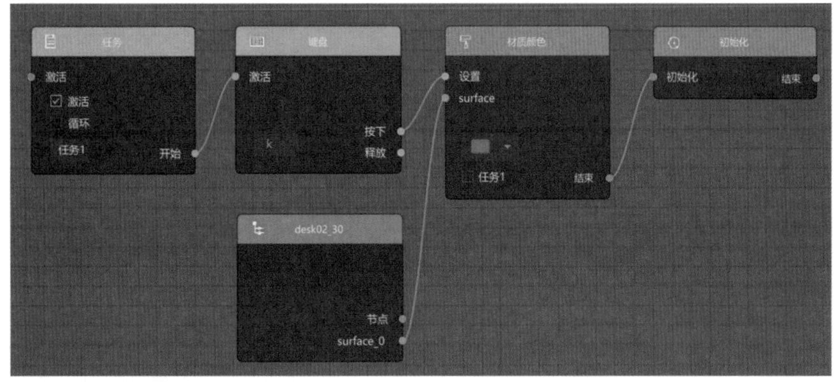

图 11-18　“初始化”

会归位；不勾选“归位”时，手柄释放后节点停留在释放的位置，若有重力模式，则直接向下掉落。手柄替换后，正常的使用手柄姿态就是可以跟随手柄转动有着不同的指向，但是勾选上这个选项就能转换刚替换上时物体的朝向，初始朝向跟随手柄朝向。

（7）“组合”：通过该逻辑单元事件可将多个 .itr 文件连接后保存成 .mgr 格式，实现单任务的组合，如图 11-16 所示。

（8）“定时器”：该逻辑单元时间可以连接在一个触发任务里，控制任务触发时间，如图 11-17 所示，按下键盘 5s 后物体材质颜色才会更改。

（9）“初始化”：该逻辑单元事件可以连接在任务结束时，值得注意的是，一旦触发该逻辑，场景里所有逻辑全部会被初始化，

图 11–19 “结束”逻辑

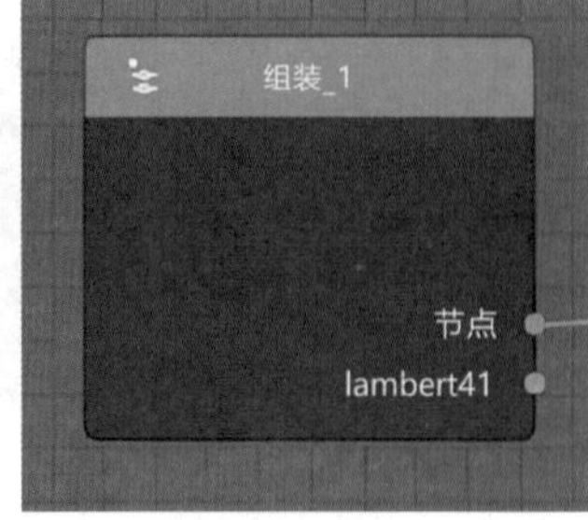

图 11–20 节点设置交互逻辑

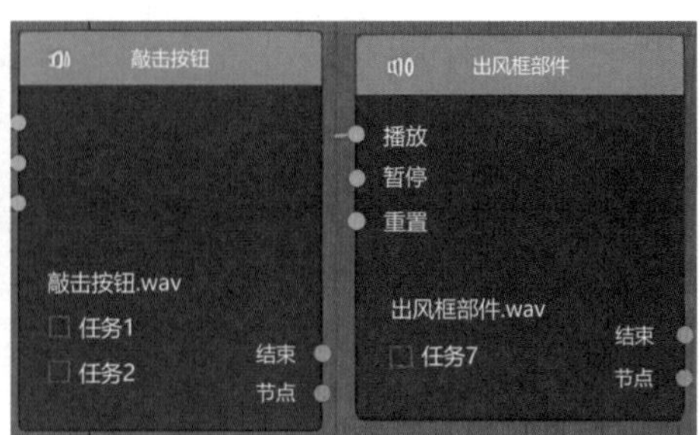

图 11–21 音视频设置交互逻辑

而并非仅初始化单条任务，如图 11–18 所示。

（10）“结束”：该逻辑单元事件可以连接在一条任务逻辑后面，实现“结束”命令，也可以和“组合”逻辑搭配使用，就是在单个任务后连上“结束”的逻辑单元事件，实现单任务的组合，如图 11–19 所示。

逻辑单元除了在交互编辑器界面上预设的常用逻辑单元外，还可从节点面板中直接拖入物体节点单元，连接至逻辑中可作为节点使用，也可对物体 surface 进行逻辑事件，如图 11–20 所示。还可从节点面板中拖入音视频节点单元，对音频、视频进行处理，如图 11–21 所示。

引发逻辑事件（“播放”和“暂停”），音视频单元也可作为节点使用，例如作为节点使用，对音视频做可见性的逻辑，隐藏音频或视频时，则音频和视频的播放会被暂停。另外，在窗口栏的资源面板中，展开场景中制作的动画文件（.tracker 文件）（如图 11–22 所示），从该窗口中直接拖动动画文件至交互编辑器编辑区，对动画进行逻辑事件操作。其中，气味模块是结合气味硬件，根据不同的场景散发相应的气味，只要在相应的“X 号口”，编辑“气味名称”和“气味时长”，通过选择的触发方式，就可以触发，如图 11–23 所示。

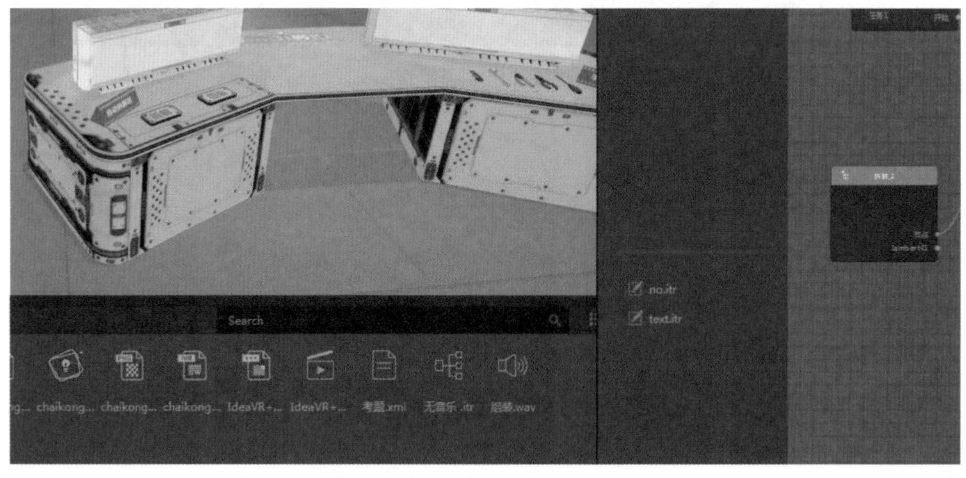

图 11–22 场景 .tracker 文件

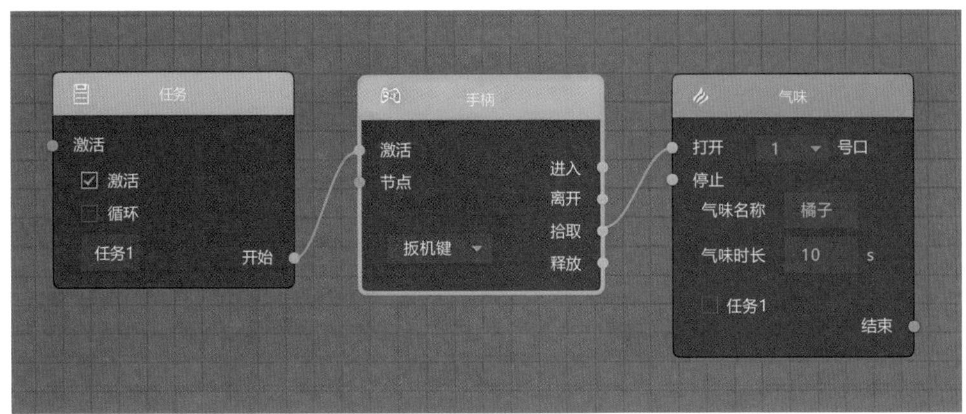

图 11-23　气味模块交互逻辑编辑

.itr 文件和 .mgr 文件使用：为了让用户可以分工协作，我们在软件里添加了 .itr 和 .mgr 两种文件格式，可以将一些小的逻辑做好保存成 .itr 文件，然后找到“工程文件”面板下的 .itr 文件，将所有 .itr 文件拖进新的面板里集中连接交互顺序，这样保存后的就是 .mgr 文件，如图 11-24 所示，若要修改，直接在工程文件面板下双击 .itr 文件或者 .mgr 文件即可。

第二节　逻辑单元的连接与预览

对于 IdeaVR 图形化的交互编辑器，通过对逻辑单元之间的连线，来建立交互逻辑事件。各个逻辑单元上有相应的事件接口，将所需的逻辑单元拖入交互逻辑编辑区，进行可视化的逻辑连线，来实现场景交互。

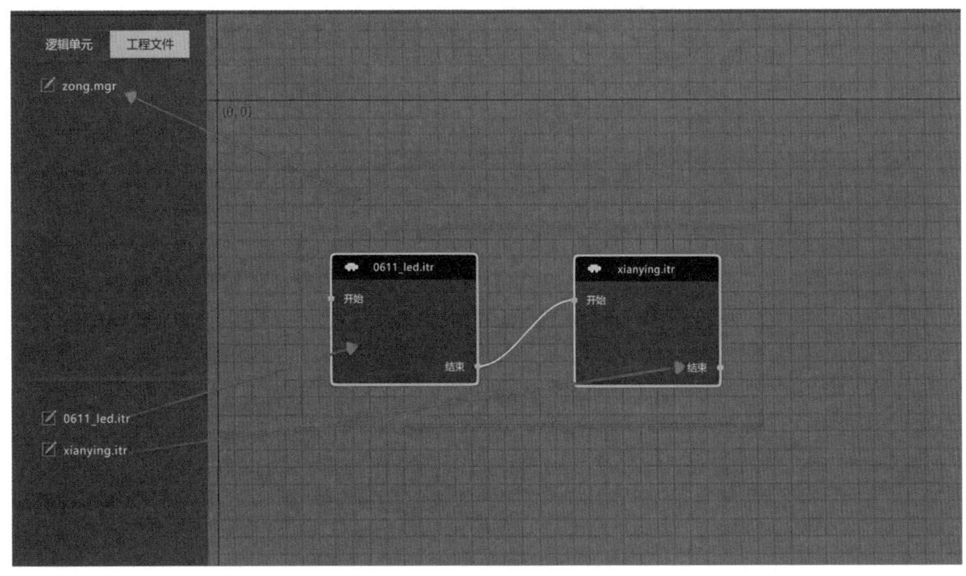

图 11-24　.itr 文件和 .mgr 文件使用

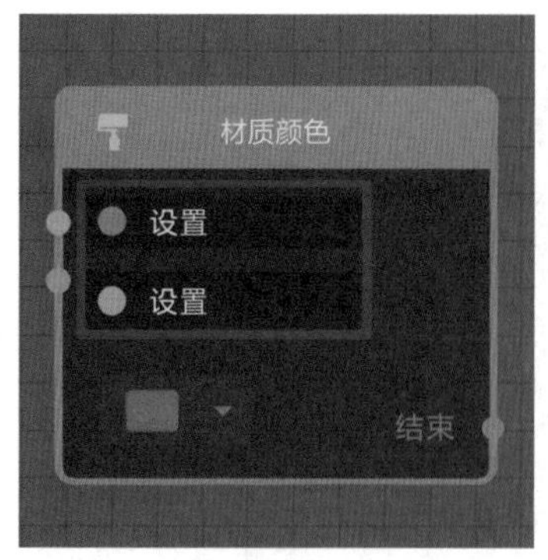

图 11–25 交互接口颜色切换选择 1

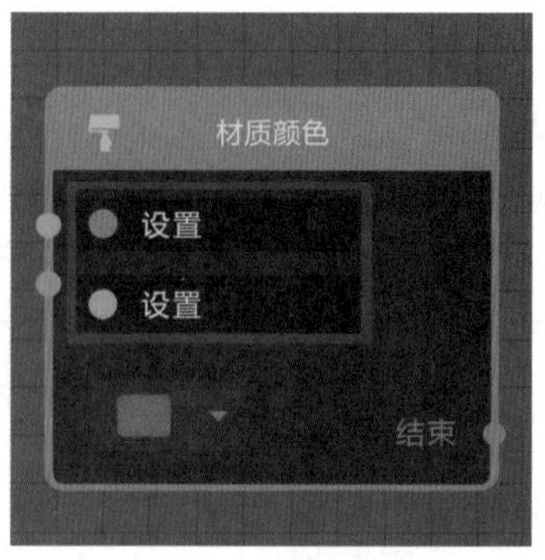

图 11–26 交互接口颜色切换选择 2

在逻辑编辑区，通过鼠标单击单元接口，并连接至下一连接单元接口，再次单击完成连线。若需要删除连线，只需鼠标单击选中需要删除的线，选中后该线会加粗显示，然后按“Delete”键，即可删除该连线。

为了使用户界面更友好，操作更便捷，各个逻辑单元的接口，有颜色的区分，在默认状态下只有相同颜色的接口才可以连线。当需要在不同颜色的接口之间连线时，可将鼠标移至该接口处，长按鼠标左键，出现如图 11–25、图 11–26 所示的情况。

然后在鼠标不释放的情况下，移动鼠标到想要切换的颜色上，释放，即可对该接口进行颜色更改，最后只需要将同色接口相连即可。

下面可以介绍几个简单的、典型的逻辑的连接，来增强对交互编辑的认识。

一、键盘字母“K”触发动画播放（见图 11–27）

以上逻辑实现了按下键盘字母“K”（不区分大小写），拆分动画播放，在该逻辑中，需要注意以下功能。

（1）任务激活：在任务单元前的激活

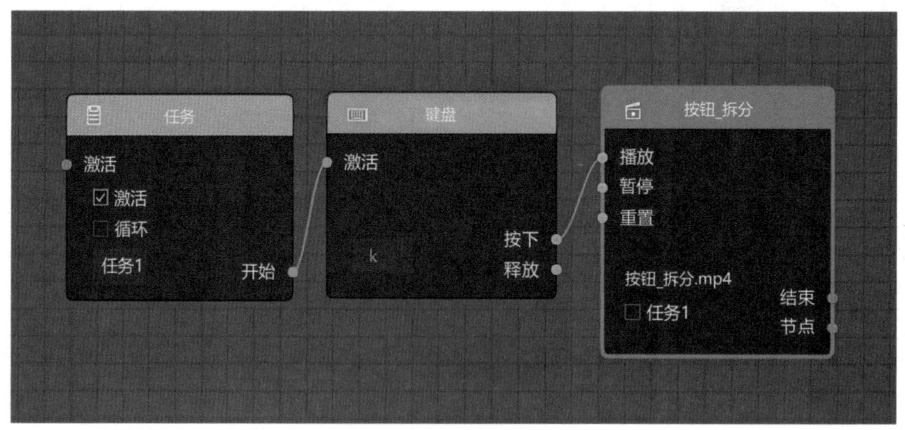

图 11–27 键盘触发事件

接口未连接任何约束前，需勾选“激活”状态，该任务才可被触发；

（2）任务循环：勾选“循环”状态，该任务激活后，会被循环进行，即拆分动画循环播放；

（3）动画任务勾选状态：在动画单元中，有“任务 1”字样状态勾选栏，勾选该状态，即该任务触发一次后关闭，将不再被触发；不勾选，即可被无限触发（每按一次键盘“K”，即触发一次）。

二、改变接口颜色（见图 11–28）

在上一条拆分动画播放完毕后，继续播放下一条动画的交互逻辑，实现多个动画有顺序地播放。以上交互逻辑，可通过按下键盘字母“K”，播放拆分动画，播放完毕后，继续播放组合动画来实现；该逻辑中运用了改变单元接口的颜色属性，第二个动画单元的播放接口，默认为绿色，通过鼠标点击该接口长按后改变为红色，将上一个动画播放结束连接至该动画播放，则两个动画可以有顺序地播放。

三、通过键盘字母“K”触发两个动画同时播放（见图 11–29）

通过手柄触发不同任务，如图 11–30 所示，手柄拾取“ButtonMesh”显示节点，触发音频的播放，同时触发 led_1 节点的显

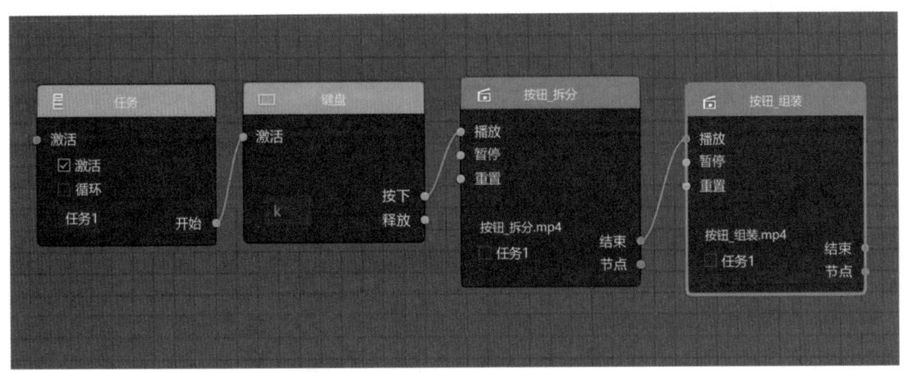

图 11–28　多个事件先后触发

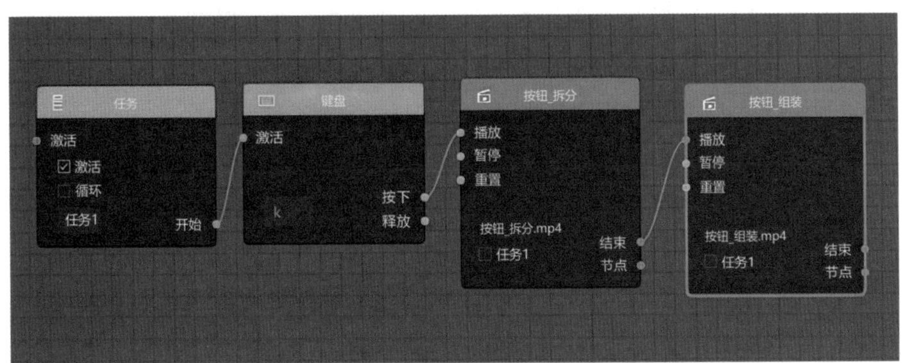

图 11–29　同时触发多个事件

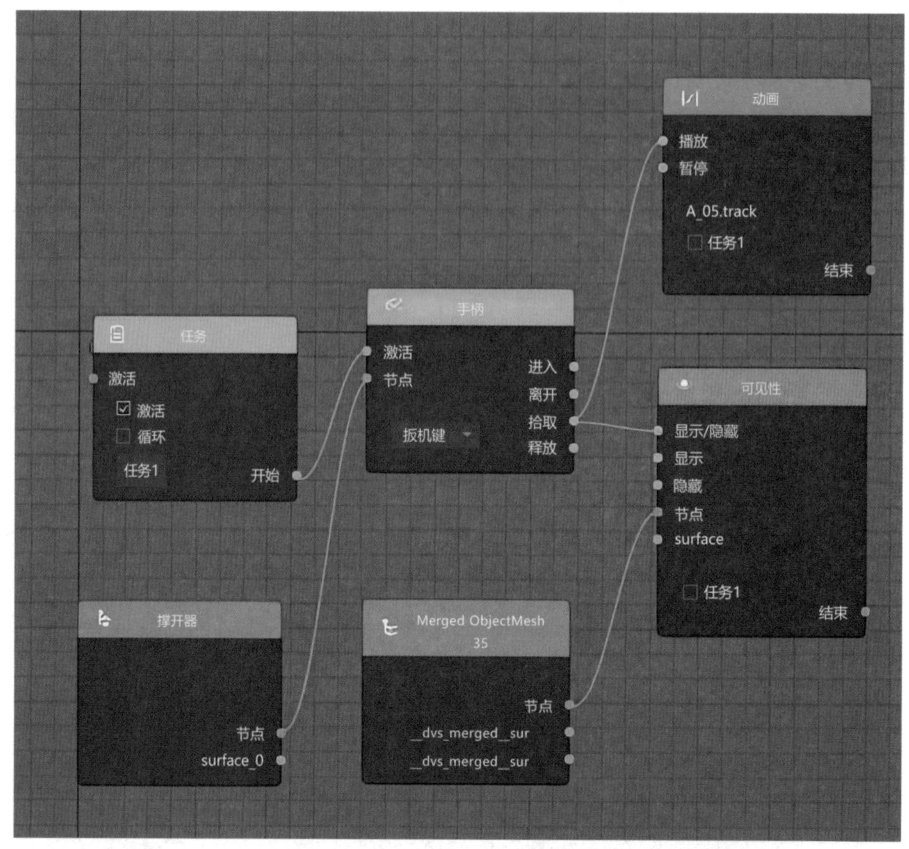

图 11–30 手柄触发事件

示事件。

（1）通过手柄触发物体的可见性交互逻辑，如图 11–31 所示。

以上交互逻辑，实现的具体效果是手柄射线指向物体节点 UI，然后扣动手柄扳机键，触发对 Merged Object Mesh 35 的显隐，当物体本身显示时，则触发隐藏；当物体本身隐藏时，则触发显示。

（2）实现场景视角进入空间触发器时，触发视频播放的交互逻辑，如图 11–32 所示。

在触发器单元，勾选“主相机”，表示视口视角进入该空间触发器范围内，进入后触发事件视频播放。该逻辑的应用场景有：在场景中漫游，漫游至一个影院（空间触发器范围）内，触发视频播放；在某个地方制作传送阵的粒子效果，在该传送阵内放置空间触发器，人物瞬移至该传送阵中，则触发相机动画，直接跳转至另一相机视角，实现传送阵传送效果。

（3）实现物体节点移动至空间触发器内，触发动画播放，如图 11–33 所示。

以上交互逻辑中，“basketball”节点进入空间触发器范围内，该节点可通过手柄部件移动或者位移动画，进入该空间触发器范围内，播放“goal”动画。

注意事项：空间触发器触发事件，若出

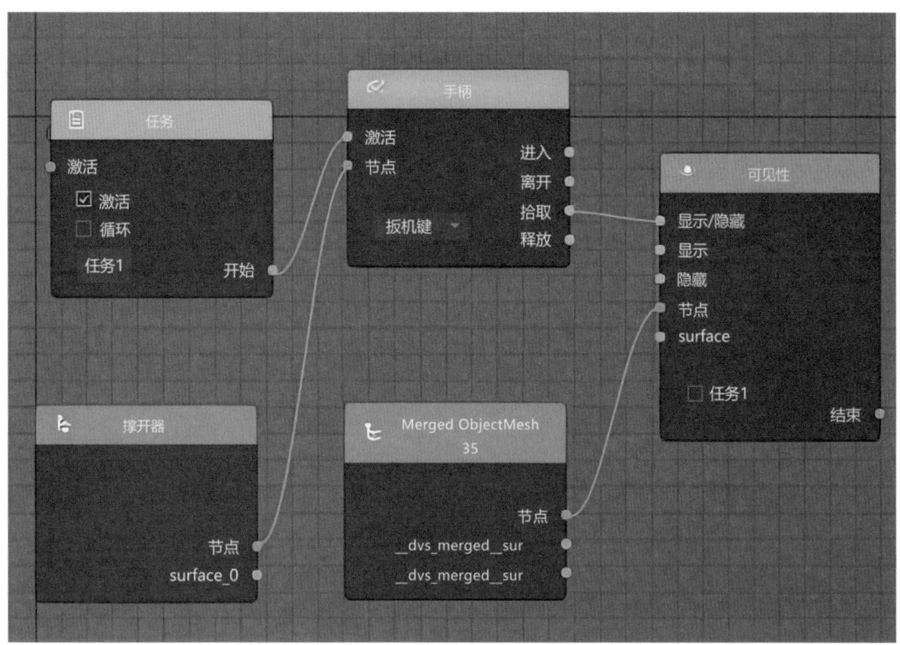

图 11-31　手柄触发可见性

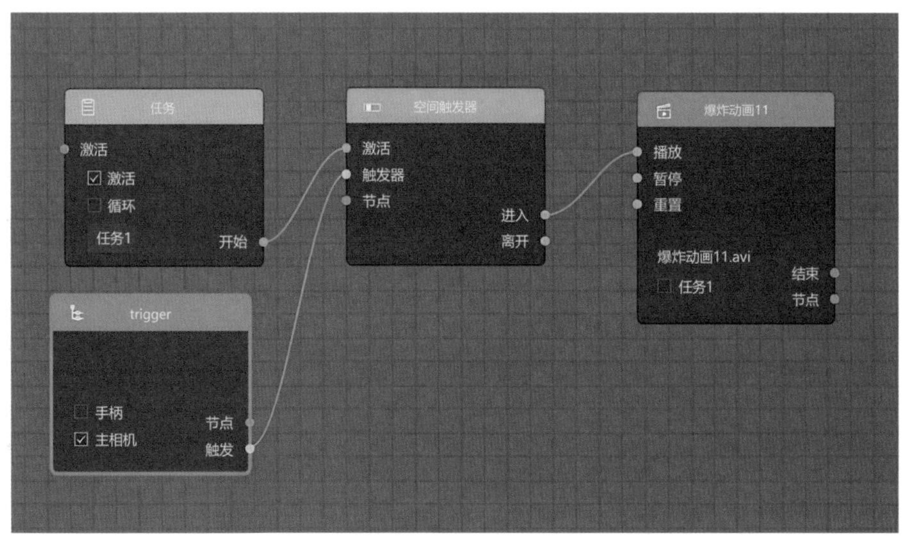

图 11-32　场景视角进入空间适配器触发视频

现触发失败情况，请检查空间触发器触发方式，若是包围触发，检查是否完全进入空间触发器内，只有当完全进入空间触发器内才会触发事件。

（4）当任务鼠标右击触发节点纹理贴图发生改变，直接通过交互编辑器实现材质的改变，如图 11-34 所示。

以上交互逻辑可实现鼠标右键单击视

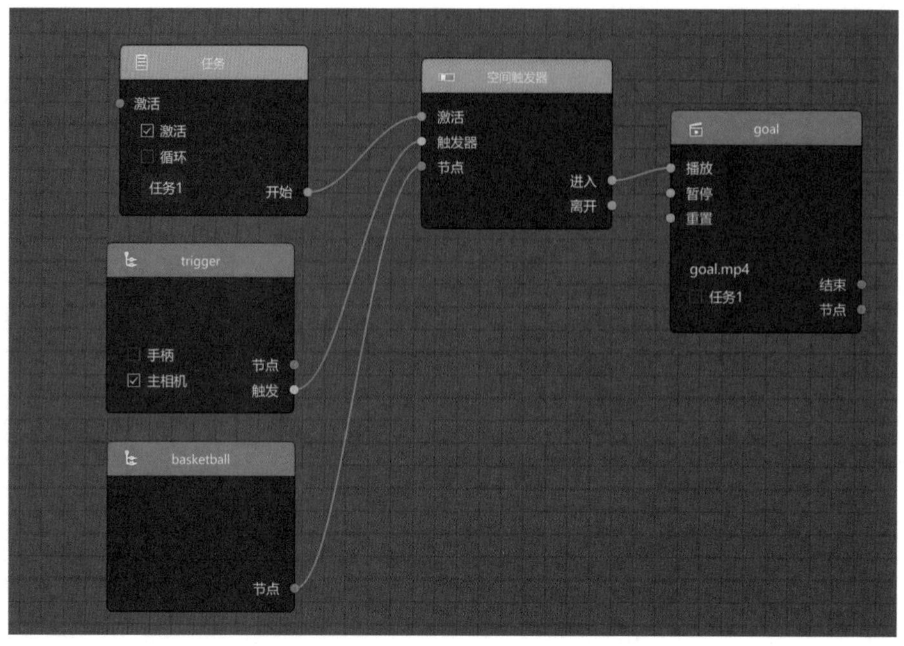

图 11-33 物体节点空间触发器触发事件

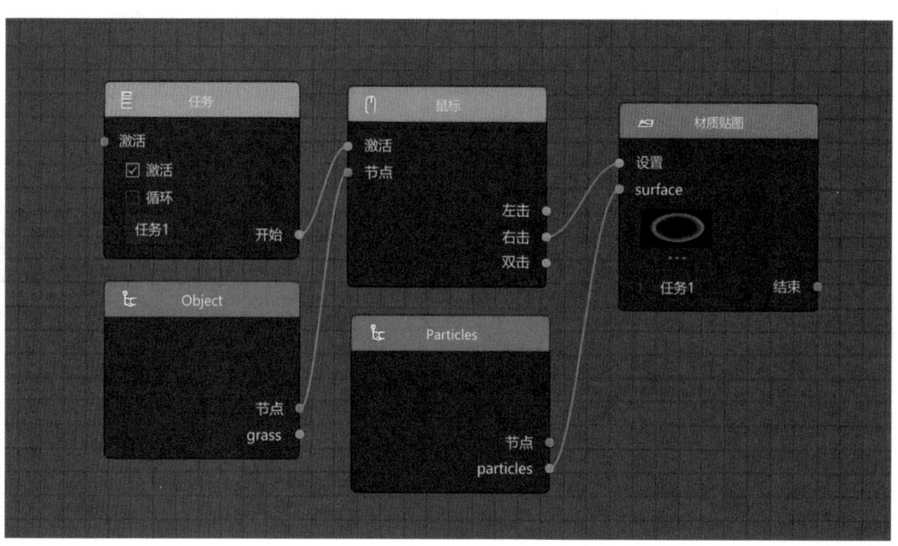

图 11-34 鼠标触发事件

口，触发节点的“surface”漫反射纹理贴图发生改变。在逻辑单元中还可以触发材质的颜色和亮度的改变。

场景搭建与交互逻辑连接完成后，在制作过程中，可在编辑端预览所编辑的交互逻辑并检查交互的可行性和准确性。

那么在软件编辑端，用户打开交互编辑器，制作了交互逻辑后，在不关闭交互编辑器

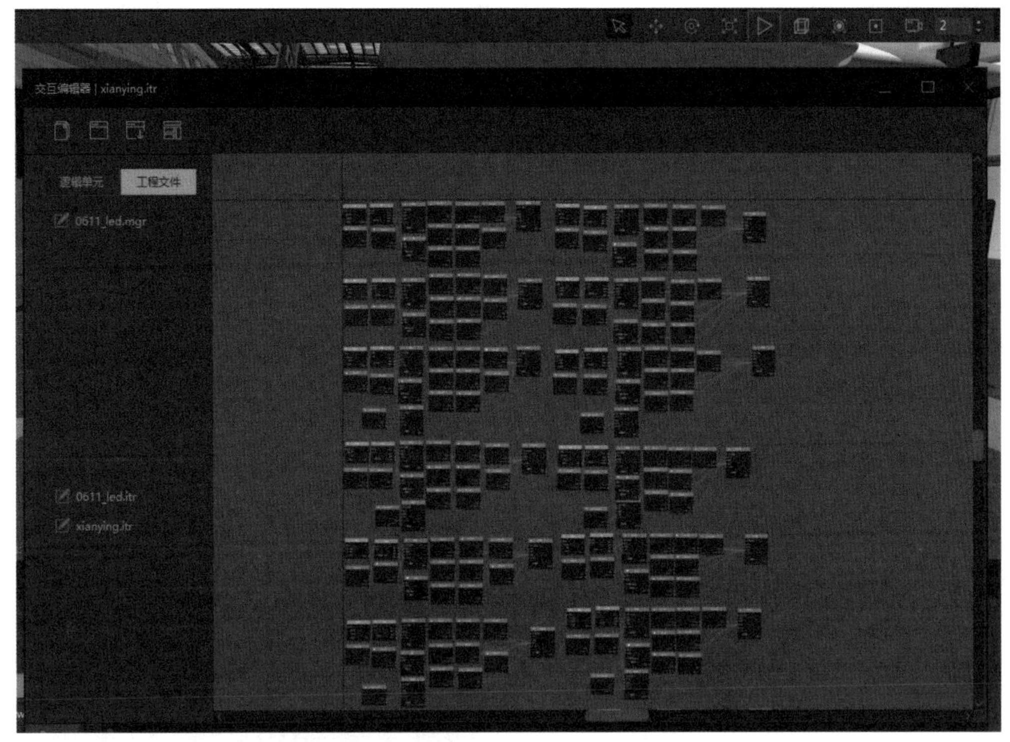

图 11-35　交互文件编辑整体预览

的情况下，直接点击场景视口上方的“运行”按键，可在视口内按照对应触发方式触发交互逻辑，以达到实时检查所连接的交互逻辑是否准确的目的。如图 11-35 所示，当打开“交互编辑器”状态时，点击“运行”，若场景视口被挡住，可最小化“交互编辑器”界面。另外，按 Esc 键退出运行状态，退出运行状态时，所有触发状态会恢复至初始状态。

第十二章 物理动力学介绍

在 IdeaVR 中，我们加入了物理引擎应用系统（模仿真实世界的物理状态），赋予虚拟场景中的物体物理属性，可以让场景中的物体符合现实世界中的物理定律。提供物理系统中的刚体和布料的模拟，通过赋予场景中的物体刚体及柔性体属性，使得虚拟场景更加真实和生动（物理模块功能一旦开启，该节点将不支持动画编辑器的编辑以及交互编辑器的部分交互逻辑）。

第一节 刚体与碰撞体

在场景中通过为物体赋予刚体属性，从而逼真地模拟刚体碰撞（两个硬的东西撞在一起）、场景重力、环境阻尼（阻力）等物理效果。借助 IdeaVR 的物理系统能够更加真实地模拟和反映物体在现实世界中的运动规律，让场景看起来更加逼真。

一、赋予刚体属性

首先选中场景中需要添加刚体的节点，添加刚体属性。在右下角属性栏中找到名为“物理”的标签页并选中，在“类型”一栏里选中“刚体”后点击“开启”的复选框，即可对此节点添加刚体属性（就好像变成一个硬质固体），如图 12–1、图 12–2 所示。

随后属性栏会显示出更多的刚体参数，通过调整这些参数的数值可以实现不同的物理仿真效果，如图 12–3 所示，相关参数说明参考表 12–1。

图 12–1 刚体与碰撞效果图

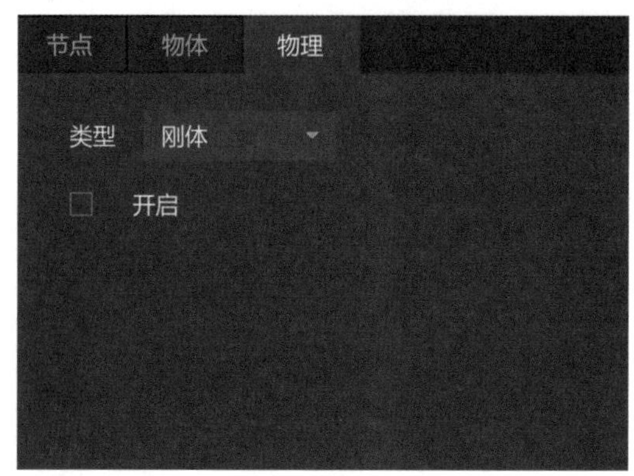

图 12–2 添加刚体特性

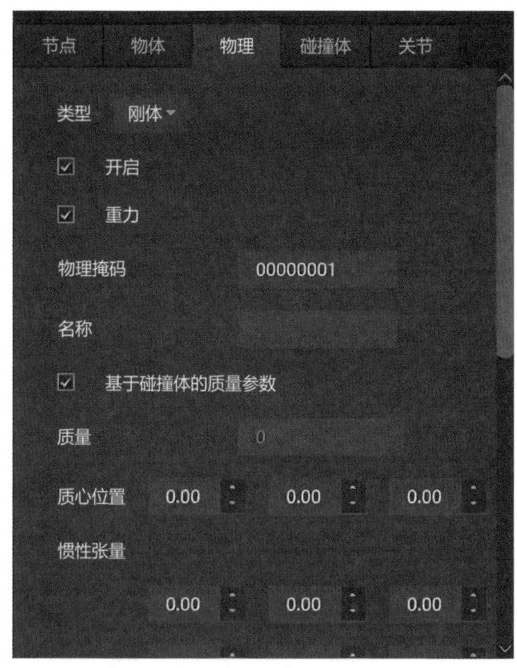

图 12–3　刚体属性参数面板

图 12–5　碰撞体参数面板

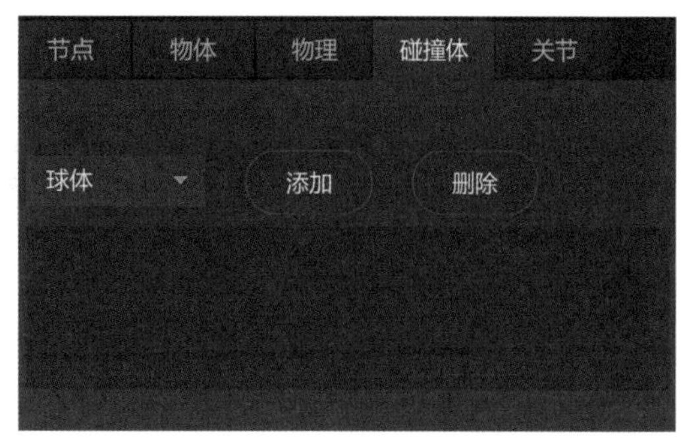

图 12–4　碰撞体属性添加

二、添加碰撞体

在开启刚体属性后，属性栏会多出一个“碰撞体”的标签栏，通过添加碰撞体，我们才可以使此刚体有碰撞的形状和碰撞的属性，如图 12–4 所示。

在下拉菜单中可以选择碰撞体的形状，然后点击“添加”即可添加碰撞体，此时物体才拥有碰撞属性（碰撞体的形状决定了这个硬的物体哪部分是实体）。在添加碰撞体后，属性栏会显示出更多的碰撞体参数，通过调整这些参数的数值可以实现不同的碰撞效果，如图 12–5 所示。

点击“运行”按钮进入运行模式即可查看添加刚体和碰撞体的物体的物理运动，在预览物理效果结束后按 Esc 键可以退出运行模式，物体结束物理仿真（模拟），并恢复至运行模式前的状态。

三、参数说明

表 12-1　刚体与碰撞体参数说明

术语或缩略语	说明性定义
线速度	物体运动的快慢
最大线速度	物体运动的最快速度。物理仿真时会使用系统最大速度和刚体最大速度中较小的一个。设置最大线速度可以用来防止物体碰撞的穿透
卡滞线速度	物体运动时允许的最小线速度。当物体运动速度小于设定值时，物体会停止运动，速度归零
线性阻尼	物体线性运动阻力系数。值越大，物体运动时受到的阻力越大
线速度缩放	物体运动速度比例缩放，如物体运动速度为 100m/s，添加速度缩放比例为 0.9，则物体实际的运动速度为 90m/s
角速度	物体转动的快慢
最大角速度	物体旋转运动的最大速度。物理仿真时会使用系统全局最大角速度值和刚体最大角速度值中较小的值
卡滞角速度	物体旋转运动的最小速度。当物体转动速度小于该值时，物体会停止转动，旋转速度归零
角速度阻尼	物体旋转运动的阻力系数。值越大，物体旋转时受到的阻力越大
角速度缩放	物体旋转速度缩放比例，例如物体旋转速度为 100°/s，速度缩放比例为 0.9，则物体实际的旋转速度为 90°/s
质量	物体的重量，改变刚体的质量会导致刚体密度的改变
质心位置	物体的重心，如将物体的质心调整到较低的位置可以实现不倒翁的效果
惯性张量	描述刚体绕 X/Y/Z 轴旋转的难易程度
物理掩码	该值决定物体受到哪些物理作用力的影响
碰撞参数	与相对运动速度方向相平行，通过碰撞分子中心的两条平行线的距离
碰撞掩码	设置碰撞掩码可以决定哪些碰撞体会发生碰撞，过滤掉二进制掩码相同的物体（此功能不推荐非专业人士使用）
排斥掩码	该值用于在碰撞计算时过滤二进制掩码相同的碰撞体（此功能不推荐非专业人士使用）
摩擦系数	物体在表面发生相对运动时受到的摩擦力的系数
恢复系数	该值确定碰撞后物体线速度反弹系数，值越大，反弹速度越大

第二节　布料

加入物理布料仿真系统，赋予虚拟现实场景中的物体柔体的属性（物体是软的），模拟面料、丝绸、皮革、麻料等布料外观与特性，让场景中的物体符合现实世界中的柔性体受力定律。

一、赋予布料属性

首先选中场景中需要添加布料属性的模型，建议所选物体是面片结构，符合布料的结构特征。在属性面板中添加布料属性，可以在右下角属性栏中找到名为“物理”的标签页并选中，选中“布料”后点击“开启”的复选框后，对此模型即添加了布料属性（模拟成了一块布），如图 12–6 所示。

在添加布料属性后，属性栏会显示出更多的布料参数，通过调整这些参数的数值可以实现不同的布料仿真效果，相关参数说明参考表 12–2。

点击“运行”按钮进入运行模式即可查看添加布料后的物理运动，在预览物理效果结束后按 Esc 键可以退出运行模式，物体结束物理仿真，并恢复到运行模式前的状态。

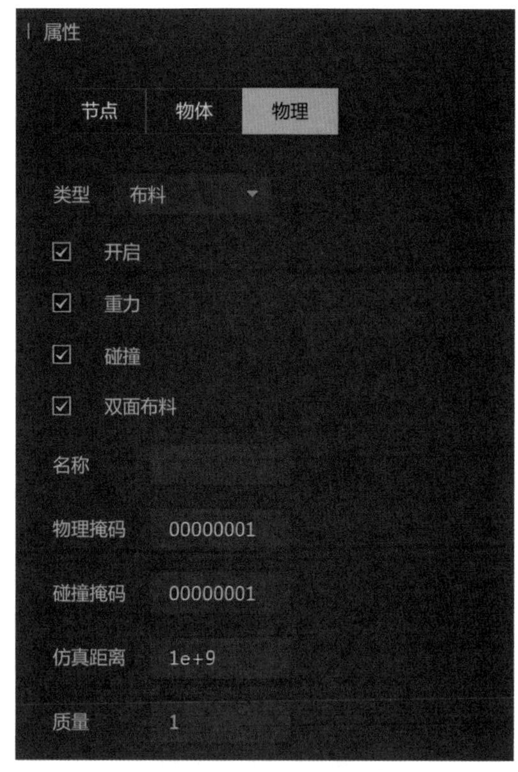

图 12–6　布料属性添加

二、参数说明

具体的布料参数说明可参考表 12–2。

表 12–2　布料参数说明

术语或缩略语	说明性定义
碰撞	布料是否会和其他刚体发生碰撞
双面布料	布料网格是否有双面的属性
物理掩码	设置物理掩码可以决定物体受到哪些物理作用力的影响（此功能不推荐非专业人士使用）
碰撞掩码	设置碰撞掩码可以决定哪些碰撞体会发生碰撞，过滤掉二进制掩码相同的物体（此功能不推荐非专业人士使用）
仿真距离	在距离主相机的有效范围内的布料才会进行物理仿真
质量	布料的重量
半径	半径越大，物理仿真越不容易发生穿透等问题，但是会产生一些失真的情况，比如将布料平放在桌面上，会高出桌面一段距离，这段距离就是粒子碰撞体的半径；如果粒子碰撞体半径比较小的话，可能会发生物体穿透的问题
刚性值	布料刚性系数，值越大，布料在碰撞时的行为越接近于刚体，柔性形变越小

（续表）

术语或缩略语	说明性定义
摩擦系数	布料在表面发生相对运动时受到的摩擦力的系数
恢复系数	该值确定碰撞后物体线速度反弹系数，值越大，反弹速度越大
线性阻尼	物体线性运动阻力系数，值越大，物体运动受到的阻力越大
线性拉伸	布料的柔性拉伸系数，最大值为 1，最小值为 0。值越小，布料越容易被拉伸
线性恢复系数	布料被拉伸时的线速度反弹系数，最大值为 1，最小值为 0。值越大，线性运动时拉伸效果越明显。该值不建议设置为 0
角度恢复系数	布料旋转运动时的角速度反弹系数，最大值为 1，最小值为 0。值越大，布料旋转运动时折叠效果越小。该值不建议设置为 1
线性阈值	当布料被拉伸时，如果布料的速度大于该值时，布料会断裂
角度阈值	当布料被折叠时，如果关节转动的速度超过了角度旋转阈值，布料将被撕裂，这个值最大为 180

第三节　断裂体

IdeaVR 支持基于物理的断裂体。基于物理的断裂体能更真实地展现刚体在现实世界中碰撞后产生的破碎效果，提供更好的物理仿真效果。

一、赋予断裂属性

首先选中场景中需要添加断裂体属性的模型，在右下角属性栏中找到名为“物理”的标签页并选中，类型选中“断裂”后，模型即添加了断裂属性（和刚体或者地面相撞会碎掉），如图 12-7 所示，相关参数说明参考表 12-3。

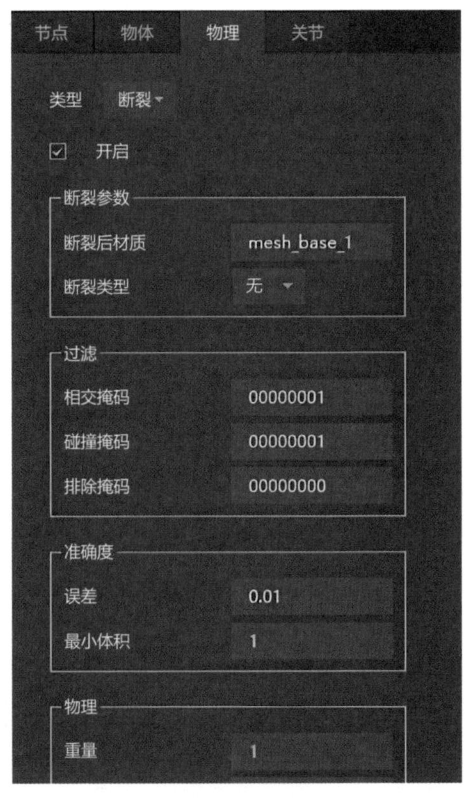

图 12-7　添加断裂属性

二、参数说明

断裂参数说明如表 12-3 所示。

表 12-3 断裂参数说明

术语或缩略语	说明性定义
断裂后材质	断裂面材质
断裂类型	刚体断裂的方式，目前支持刚体剖切（切割：类似于一刀切开）、刚体龟裂（破裂：均匀破碎）、刚体随机碎裂（粉碎：不规则破碎）
断裂条件	刚体断裂的条件类型、目前冲量、时间和接触深度
最大值	刚体断裂的条件最大值
相交掩码	决定哪些碰撞体会和当前物体计算交叉，用于二进制掩码计算（此功能不推荐非专业人士使用）
碰撞掩码	决定哪些碰撞体会和当前物体碰撞，用于二进制掩码计算（此功能不推荐非专业人士使用）
排除掩码	决定哪些碰撞体会被排除在碰撞计算之外（此功能不推荐非专业人士使用）
误差	创建断裂体的几何计算误差
最小体积	生成断裂体的最小体积，建议为不小于误差
重量	断裂体重量
摩擦力系数	断裂体的摩擦系数
碰撞反弹系数	断裂体碰撞体的反弹系数
线速度阻力系数	断裂体线速度阻力系数，数值越大，断裂体减速越快
角速度阻力系数	断裂体角速度阻力系数，数值越大，断裂体旋转速度减速越快
最大线速度	断裂体物理允许的最大线速度
最大角速度	断裂体物理允许的最大角速度
静止线速度	断裂体的最小线速度，当断裂体线速度小于指定值时将停止运动
静止角速度	断裂体最小角速度，当断裂体角速度小于指定值时将停止旋转

第四节 关节

IdeaVR 支持基于刚体间关节连接。关节赋予了刚体关联关系，在物理系统的作用下会自动联动。关节只能用于刚体，因此创建关节的前提是物体必须首先添加刚体属性。目前支持的关节类型包括固定关节、铰接关节和球形关节。

一、固定关节

下面以固定关节为例介绍关节的创建流程。首先创建模型的刚体属性。在属性页面的物理页面，选中刚体类型，点击“开启”

按钮，创建后的刚体属性页面如图 12–8 所示。

首先创建两个刚体。任意选择一个刚体后，点击“关节”页面，如图 12–9 所示；

点击“添加”按钮，弹出关联刚体选择对话框，如图 12–10 所示；

点击“确定”按钮后，即可生成关节，如图 12–11 所示。

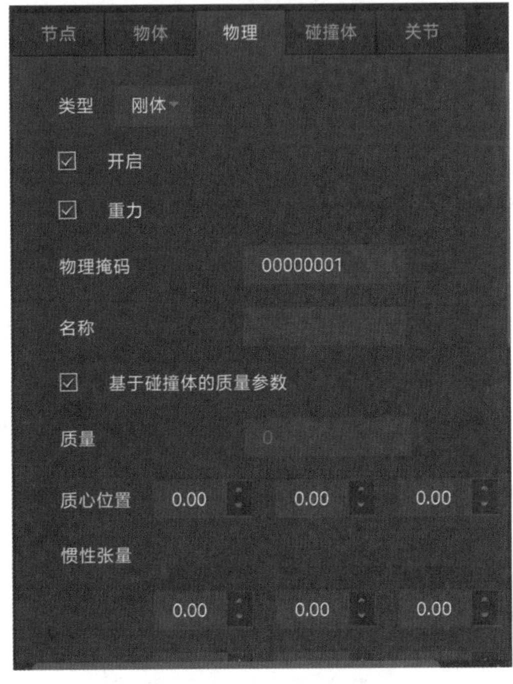

图 12–8　固定关节属性

图 12–9　关节属性

图 12–10　添加“BodyRigid”

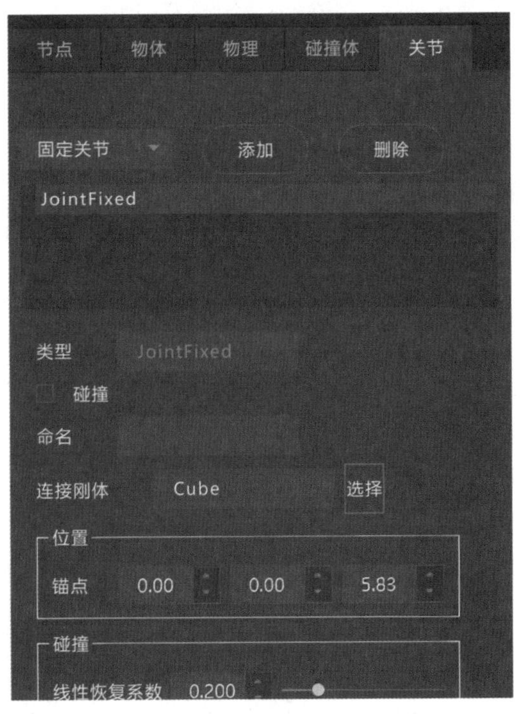

图 12–11　生成关节

当关节选中时，关节对应的示意图会显示在场景中，如图 12–12 所示。

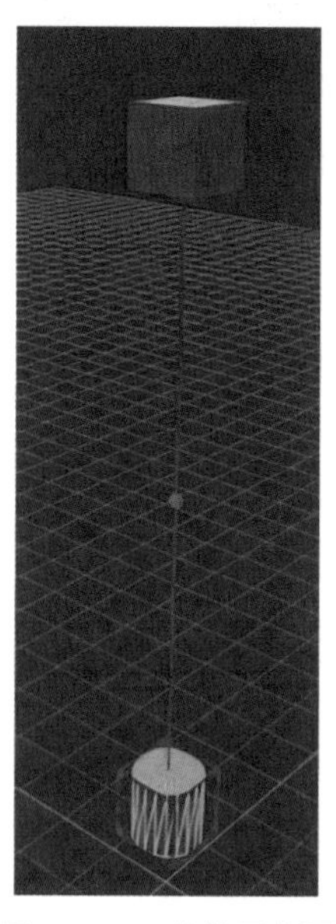

图 12–12　关节示意图

固定关节以刚性连接将刚体连接在一起。在物理系统驱动下，固定关节将严格保持刚体之间的相对位置不变（就好像两个物体中间有一个隐形的铁杆连着），固定关节的示意图如图 12–13 所示。

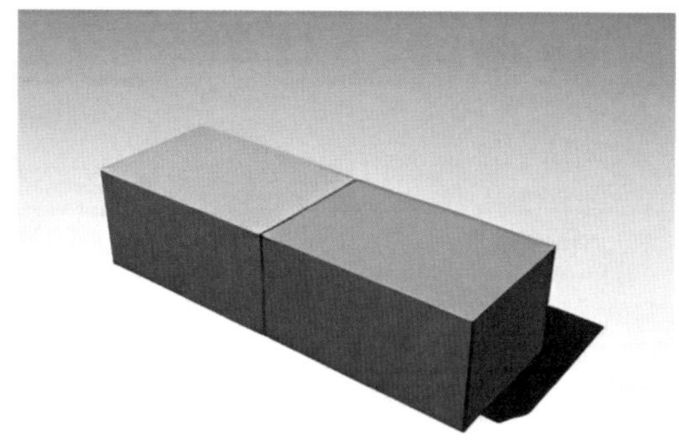

图 12–13　固定关节

固定关节主要的参数如表 12–4 所示。

表 12–4　固定关节参数说明

术语或缩略语	说明性定义
碰撞	关节是否参与物理系统碰撞计算
命名	关节名称
连接刚体	当前关节关联的其他刚体
最大值	刚体断裂的条件最大值
锚点	关节固定点位置
线性恢复系数	关节碰撞时速度恢复系数，系数不宜过大，否则关节行为非常怪异
角度恢复系数	关节碰撞时角速度恢复系数，系数不宜过大，否则关节行为非常怪异
线性柔软度	关节碰撞时被碰撞体线速度衰减系数
角度柔软度	关节碰撞时被碰撞体角速度衰减系数
最大承受力	关节能承受的最大力，超过阈值，关节会断开
最大承受力矩	关节能承受的最大力矩，超过阈值，关节会断开
迭代次数	关节在物理系统中计算的迭代次数，值越大，计算越精确，性能消耗自然越大
初始旋转角度	关节相对于连接刚体的倾斜角度

二、铰接关节

铰接关节将两个刚体以铰链的形式连接在一起，两个刚体可以沿着铰接轴线做相对运动。常见的例子如门框和门之间的连接，铰接关节的示意图如 12-14 所示。

铰接关节的主要参数如表 12-5 所示。

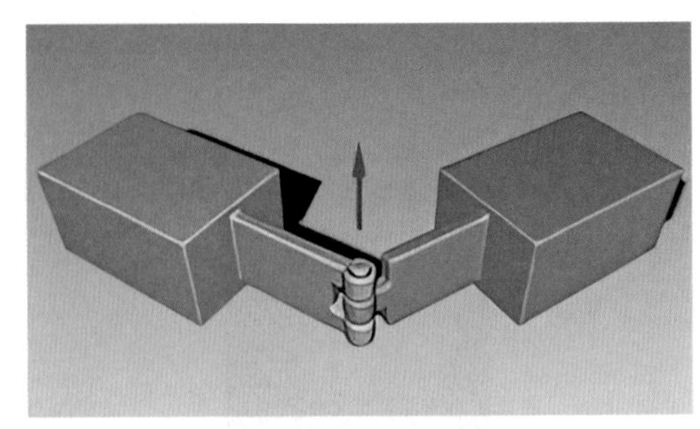

图 12-14 铰接关节

表 12-5 铰接关节参数说明

术语或缩略语	说明性定义
碰撞	关节是否参与物理系统碰撞计算
命名	关节名称
连接刚体	当前关节关联的其他刚体
最大值	刚体断裂的条件最大值
锚点	关节固定点位置
线性恢复系数	关节碰撞时速度恢复系数，系数不宜过大，否则关节行为非常怪异
角度恢复系数	关节碰撞时角速度恢复系数，系数不宜过大，否则关节行为非常怪异
线性柔软度	关节碰撞时对被碰撞体线速度衰减系数
角度柔软度	关节碰撞时对被碰撞体角速度衰减系数
最大承受力	关节能承受的最大力，超过阈值，关节会断开
最大承受力矩	关节能承受的最大力矩，超过阈值，关节会断开
迭代次数	关节在物理系统中计算的迭代次数，值越大，计算越精确，性能消耗自然越大
转动轴	铰接关节转动轴
转动衰减系数	铰接关节角度衰减系数
最大摆动角	铰接关节关联刚体和转动轴的最大弯曲角
最小转动角	铰接关节关联刚体和转动轴的最小扭动角度
最大扭转角	铰接关节关联刚体和转动轴的最大扭动角度
扭转马达速度	铰接关节关联的扭转马达角速度
扭转马达最大扭矩	铰接关节关联的扭转马达最大扭矩
弹簧硬度系数	铰接关节的弹簧的硬度系数，值越大，关节转动需要的力矩越大
转动衰减系数	铰接关节角度衰减系数

三、球形关节

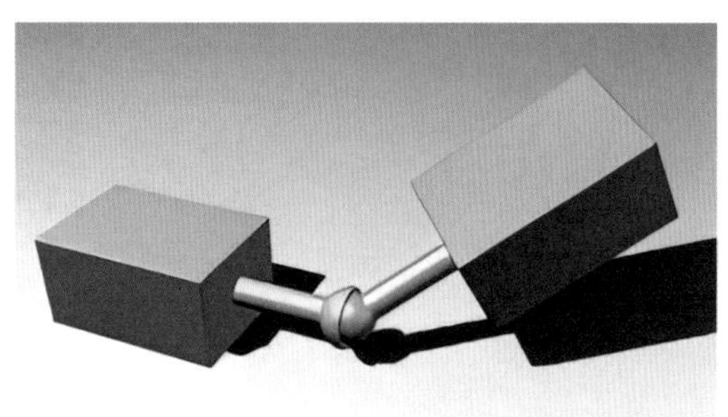

图 12-15　球形关节

球形关节将两个刚体以球形轴承连接在一起，常见于车辆的悬挂系统，能保证结构在受力的情况下仍能自由旋转运动，示意图如图 12-15 所示。

球形关节的主要参数如表 12-6 所示。

表 12-6　球形关节参数说明

术语或缩略语	说明性定义
碰撞	关节是否参与物理系统碰撞计算
命名	关节名称
连接刚体	当前关节关联的其他刚体
最大值	刚体断裂的条件最大值
锚点	关节固定点位置
线性恢复系数	关节碰撞时速度恢复系数，系数不宜过大，否则关节行为非常怪异
角度恢复系数	关节碰撞时角速度恢复系数，系数不宜过大，否则关节行为非常怪异
线性柔软度	关节碰撞时被碰撞体线速度衰减系数
角度柔软度	关节碰撞时被碰撞体角速度衰减系数
最大承受力	关节能承受的最大力，超过阈值，关节会断开
最大承受力矩	关节能承受的最大力矩，超过阈值，关节会断开
迭代次数	关节在物理系统中计算的迭代次数，值越大，计算越精确，性能消耗自然越大
转动轴	球形关节转动轴
角度衰减	球形关节角度衰减系数
最大摆动角	球形关节关联刚体和转动轴的最大弯曲角
最小扭转角	球形关节关联刚体和转动轴的最小扭动角度
最大扭转角	球形关节关联刚体和转动轴的最大扭动角度

第十三章 Python 二次开发

IdeaVR提供了Python编程的功能，Python作为当下最流行的计算机语言受到广大计算机爱好者的追捧。前面介绍了通过IdeaVR提供的零编程交互编辑器能够帮助用户通过图形化拖动的方式快速制作场景的交互逻辑。交互编辑器极大地降低了用户制作三维虚拟现实内容的门槛，然而随着计算机图形渲染技术的快速发展，虚拟现实硬件快速更新迭代，交互编辑器现有的内置交互类型已经无法满足用户日益增长的需求。在充分利用交互编辑器易用和便捷的基础上，IdeaVR推出了基于Python脚本二次开发的功能，极大地拓宽了IdeaVR的适用场景。

第一节 Python的环境配置

一、Python 安装

因为Python是跨平台软件，它可以运行在Windows、Mac和各种Linux/Unix系统上。

安装Python后，会得到Python解释器，主要负责运行Python程序，一个命令行交互环境，还有一个简单的集成开发环境，我们的教程是针对Windows，下面将详细介绍在Windows操作系统上安装Python 3的步骤。

首先，根据Windows版本（64位或者32位）从Python官方网站下载Python 3.6对应的64位安装程序或32位安装程序，然后运行下载的EXE安装包，如图13–1所示。

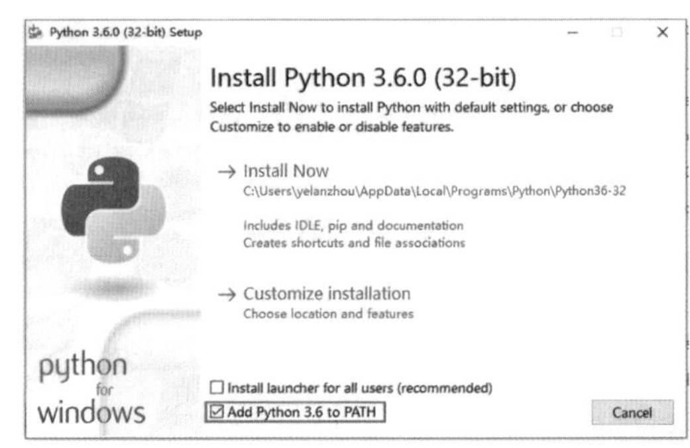

图 13–1 Python 安装界面

特别要注意勾选Add Python 3.6 to PATH，将Python的安装路径添加至系统环境变量的好处是在任何位置打开命令行都能够运行Python程序。安装成功后，可以通过Win+R键打开命令窗口，输入Python会出现两种情况。

首先，如果遇到了如图13–2所示的提示，则说明Python已经安装成功，你看到提示符 >>> 就表示我们已经在Python交互式环境中了，可以输入任何Python代码，回车后会立刻得到执行结果。现在，输入exit（）并回车，就可以退出Python交互式环境，当然，直接关掉命令行窗口也可以，如图13–2所示。

如果控制台上出现“python”不是内部或外部命令，也不是可运行的程序或批处理

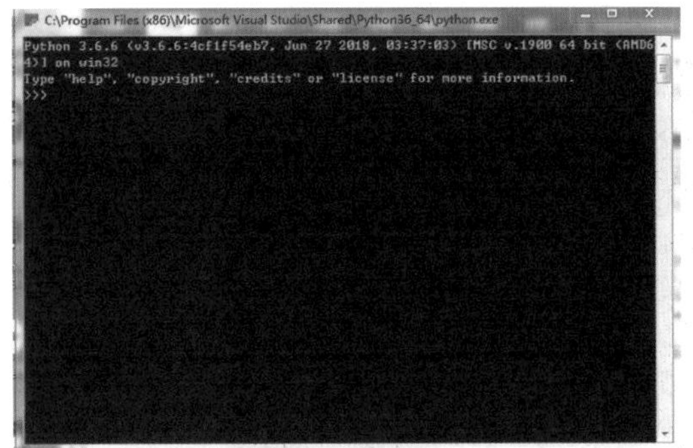

图 13–2　Python 运行窗口

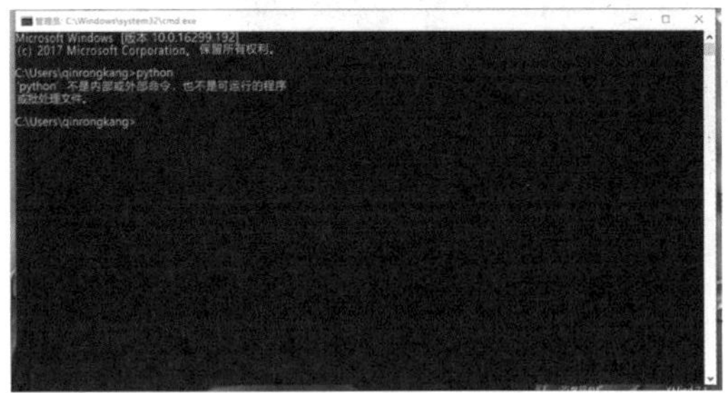

图 13–3　再次运行安装程序

文件。这是因为 Windows 会根据一个 Path 的环境变量设定的路径去查找 python.exe，如果没找到，就会报错。如果在安装时漏掉了勾选“Add Python 3.6 to PATH”，那就要手动把 python.exe 所在的路径添加到 Path 中，或者每次运行 python.exe 都要在 Python 3 安装文件夹下打开 cmd，再执行命令，如图 13–3 所示。如果不知道怎么修改环境变量，建议把 Python 安装程序重新运行一遍，务必记得选择“Add Python 3.6 to PATH”。

二、文本编辑器

在 Python 的交互式命令行写程序，好处是执行命令后就能得到结果，坏处是没法保存，下次还想运行的时候，还得再敲一遍。所以，在实际开发的过程中，开发人员总是使用一个文本编辑器来写代码，写完了，保存为一个文件，这样，程序就可以反复运行了。不过我们需要创建一个扩展名为 .py 的文本文件。目前支持 Python 的文本编辑器比较多，而且功能都比较丰富。本教程使用的是开源的轻量级源码编辑器 Visual Studio Code。安装好文本编辑器后，输入以下代码，如图 13–4 所示。

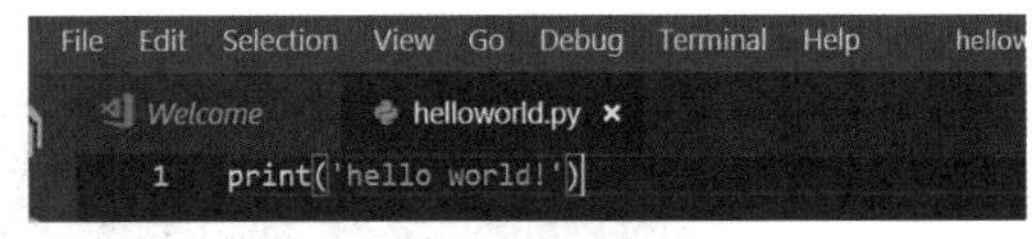

图 13–4　Visual Studio Code 编辑器

图 13–5　打开 .py 文件

然后保存为“helloworld.py”文件，进入到文件所在文件夹，按住 Shift 键后，单击鼠标右键打开命令窗口，如图 13–5 所示。

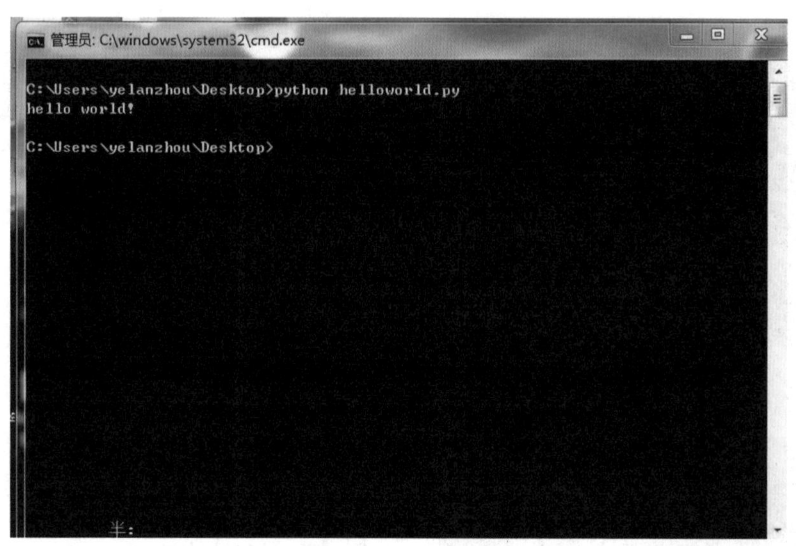

图 13–6　试操作 Python 运行

然后输入“python helloworld.py”，按 Enter 键就会在控制台输出“hello world!”，如图 13–6 所示。

第二节　在 IdeaVR 中使用 Python 脚本

一、配置脚本编辑环境

为了在 IdeaVR 中更好地编写脚本，建议使用 Visual Studio Code（以下简称为 VS Code）作为脚本的编辑工具，VS Code 提供了丰富的插件、代码高亮、自动提示等功能，对编写简单的 Python 程序很方便。接下来介绍 IdeaVR 如何关联 VS Code。

首先，我们需要安装 VS Code，直接从官网下载 Windows 版安装程序，然后双击 .exe 程序进行安装，如图 13–7 所示。

单击“下一步”，如图 13–8 所示。

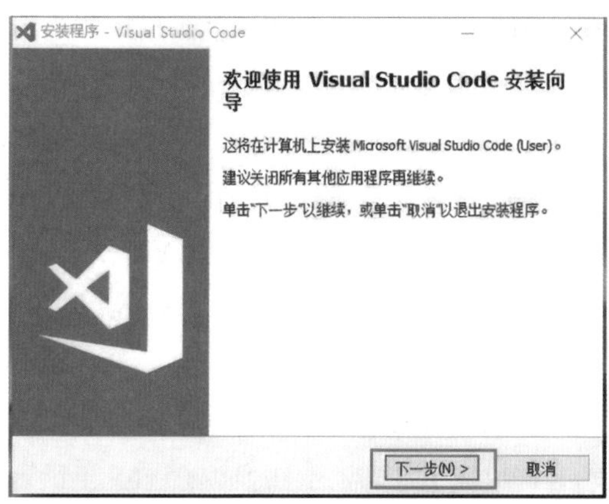

图 13–7　安装 VS Code 步骤一

图 13–8　安装 VS Code 步骤二

选中“我接受协议”，单击“下一步”，如图 13-9 所示。

选中要安装的路径，并记住这个文件夹，最好在 Word 中保存这个路径，后面会用到，然后单击“下一步”，如图 13-10 所示。

单击“下一步”，如图 13-11 所示。

这里勾选“创建桌面快捷方式”，然后单击“下一步”，如图 13-12 所示。

点击“安装”，等待它安装完成就可以了。

安装完，打开 VS Code，然后找到左边的工具栏，单击红色圈起来的按钮，然后会出现如下界面，如图 13-13 所示。

在搜索框中输入“python”，如图 13-14、图 13-15 所示。

单击“install”，这个是 VS Code 的一个插件，让写 Python 更加容易，这里我们主要用到代码提示功能。到这里为止，我们已经安装好了 Python，现在来讲讲怎么关联 IdeaVR。

首先启动 IdeaVR，单击“菜单”—“工具”—“设置”—“脚本设置”，如图 13-16 所示。

单击“脚本设置”会弹出如下的设置框，如图 13-17 所示。

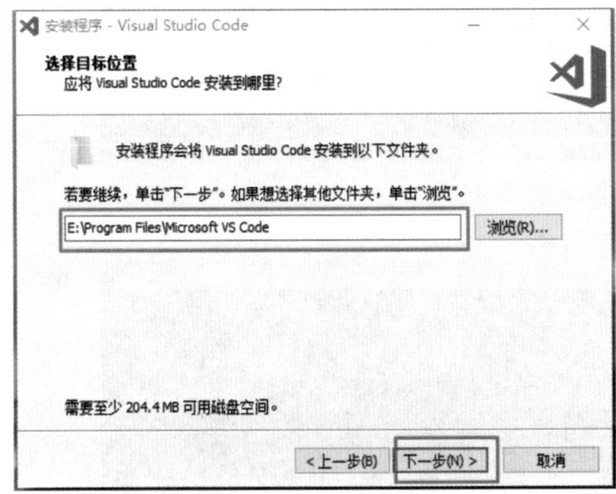

图 13-9　安装 VS Code 步骤三

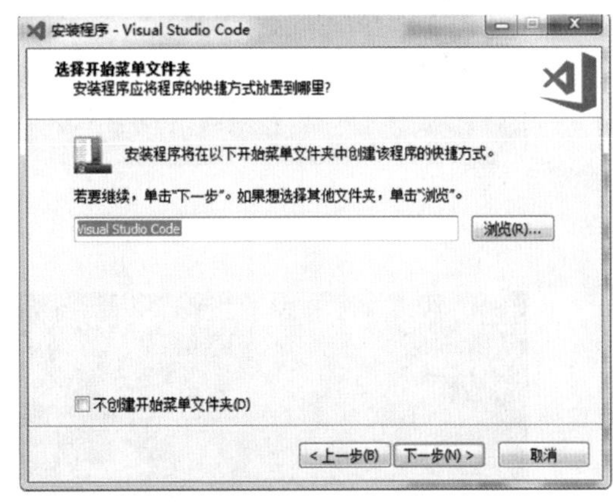

图 13-10　安装 VS Code 步骤四

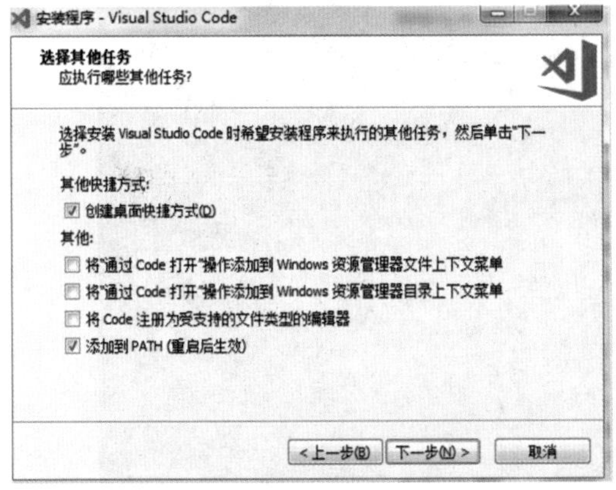

图 13-11　安装 VS Code 步骤五

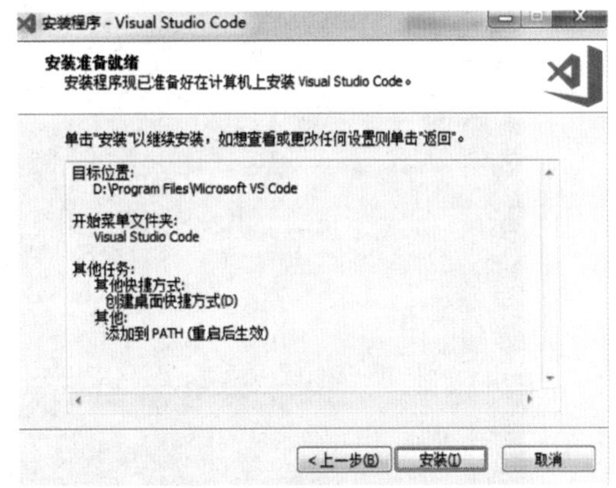

图 13-12　安装 VS Code 步骤六

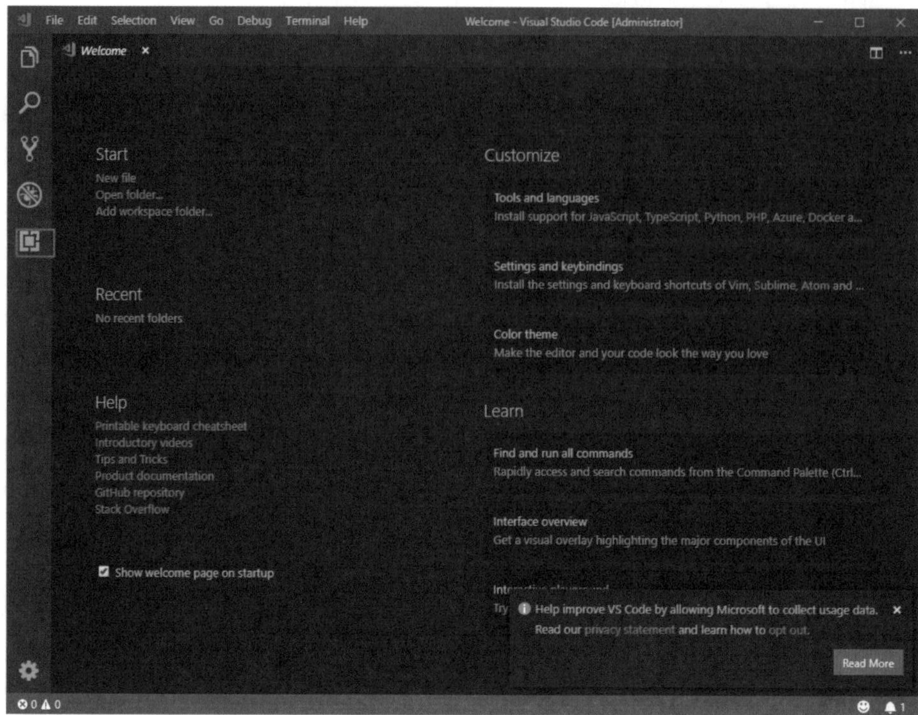

图 13–13　VS Code 界面

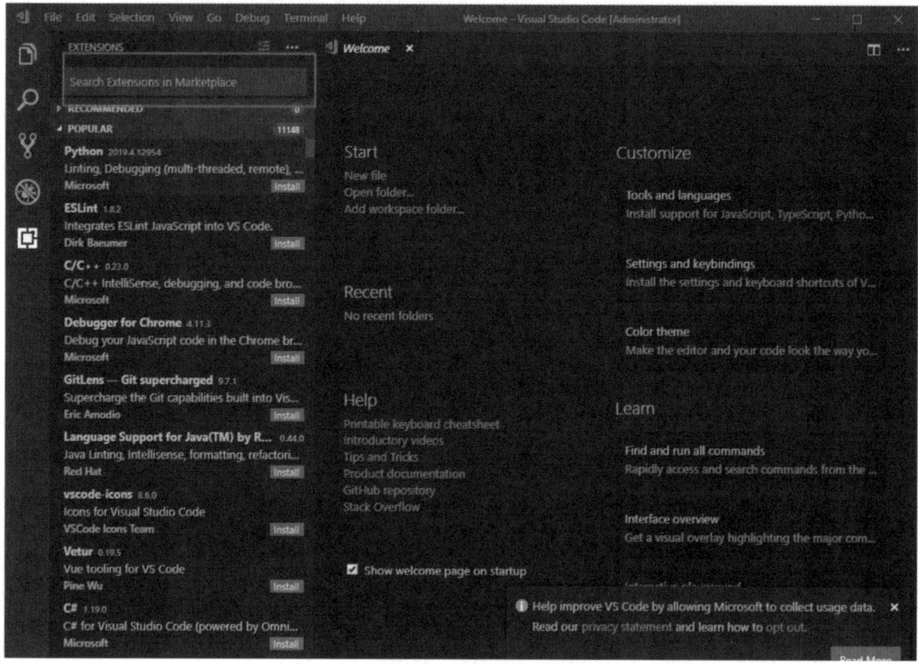

图 13–14　搜索 Python 安装程序

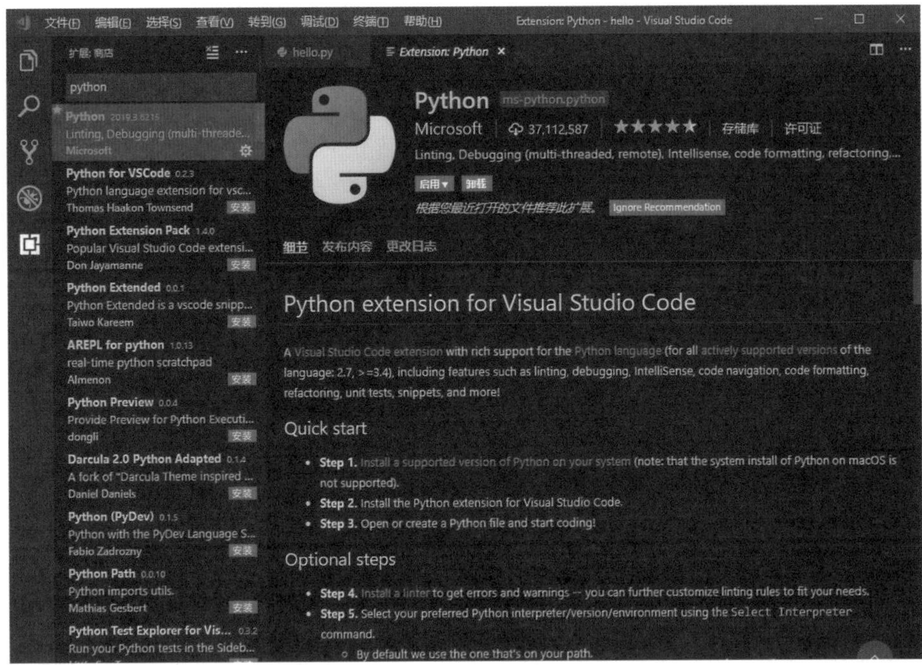

图 13-15　安装 Python

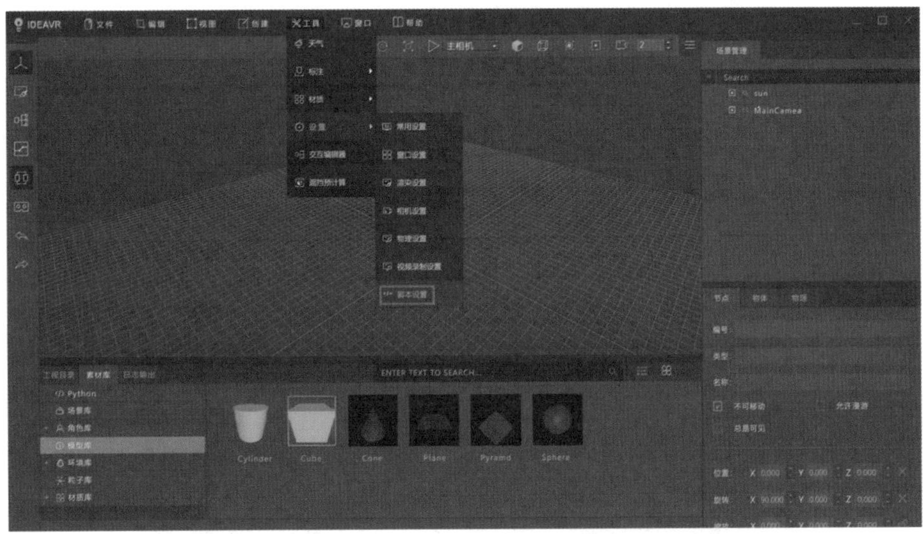

图 13-16　IdeaVR 脚本设置

单击后面的 ··· 会弹出一个对话框，复制 VS Code 安装路径到如下的位置，选择“Code.exe”这个文件，然后单击“保存”，如图 13-18 所示。

出现如图 13-19 所示的这样的界面表示设置成功，下面还有一个脚本编辑提示的选项，建议勾选，这个功能是在调用我们的 API 的时候会有提示，非常方便。现在脚本

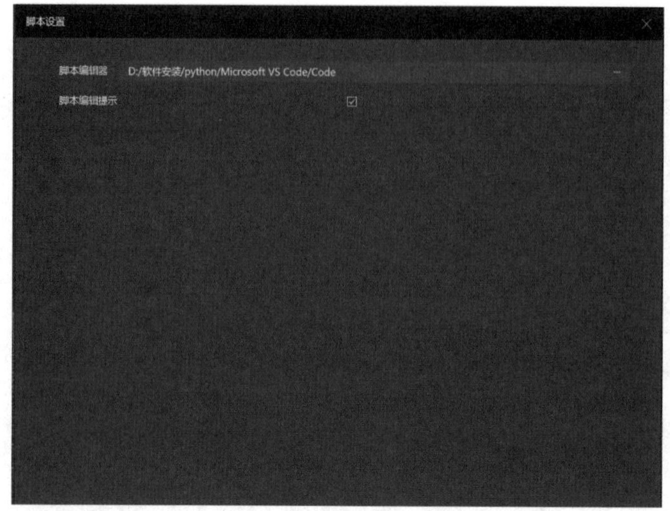

图 13-17　设置 IdeaVR 与 VS Code 的关联

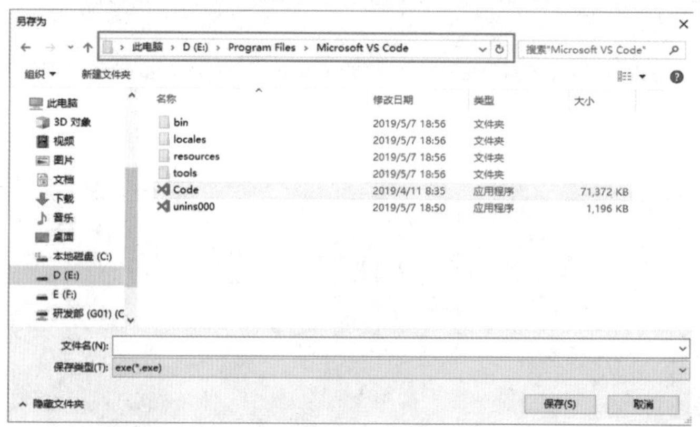

图 13-18　查询 VS Code 安装路径

图 13-19　修改 VS Code 安装路径

编辑环境已经安装好了，可以来编写 Python 脚本了。

二、在 IdeaVR 中使用脚本

（1）Python 脚本是结合交互编辑器使用的，在默认场景下不支持创建 Python 脚本，如图 13-20 所示。

在一个场景中我们打开交互编辑器，界面的左下角是 Python 脚本相关的 UI，可以直接拖入交互编辑器界面，如图 13-21 所示。

（2）拖入节点之后会有创建脚本的提示，需要输入脚本文件的名称，文件命名规则与 Python 类命名规则一样，需要是全英文，不能包含特殊字符和中文。然后点击“保存”就可以创建脚本了，如图 13-22 所示。

（3）脚本单元创建好了，就可以双击 Python 图形进行编辑，如果是绑定节点类型的单元，编辑好脚本之后可以和节点相连，就可以通过脚本控制节点了。在 IdeaVR 中

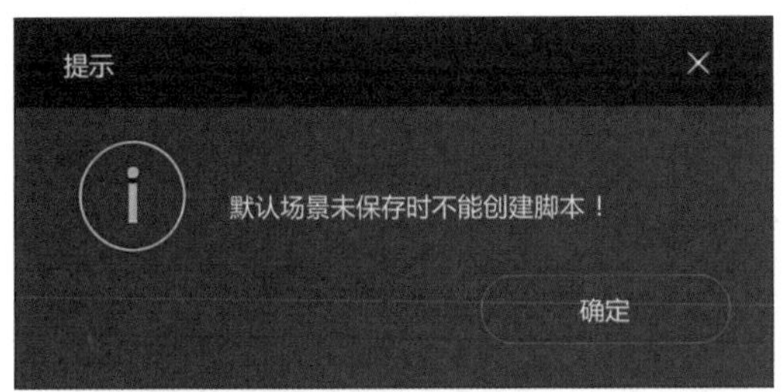

图 13-20　默认场景不支持 Python 脚本

图 13-22　创建脚本

图 13-21　打开 Python 脚本

关于 Python 有三大图形，第一个绑定节点类型如图 13-23 所示：默认的模板是支持连接的节点绕 Z 轴旋转。

如果是触发节点类型，连接如图 13-24 所示，可以通过在脚本中设定一些命令，控制它连接的一些图形，案例所示是通过

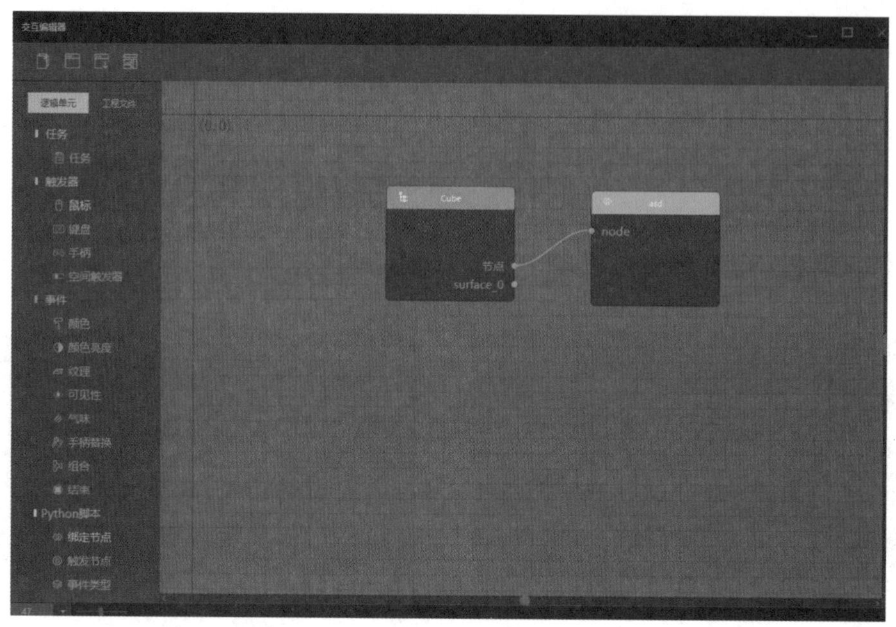

图 13-23 创建 Python 绑定节点交互

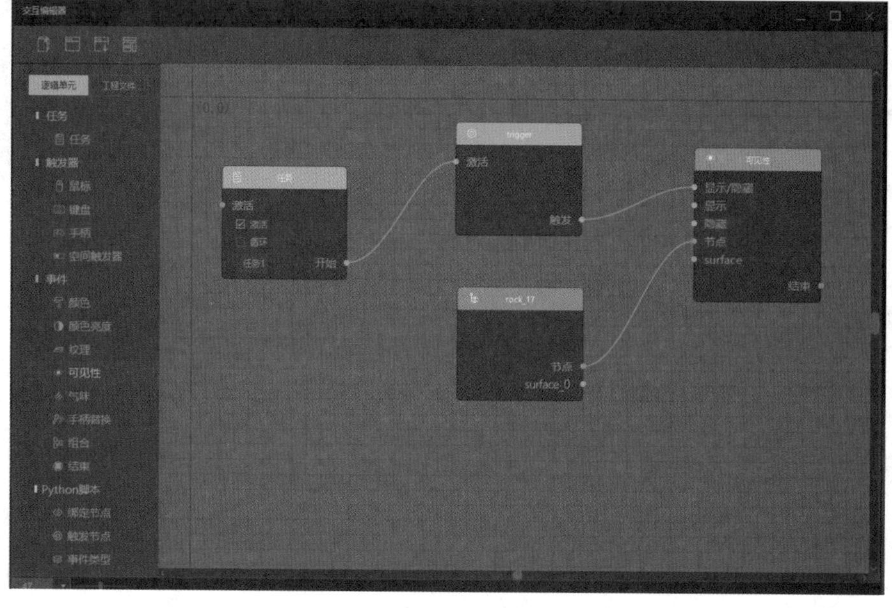

图 13-24 鼠标点击交互事件创建

trigger 激活可见性节点；默认的模板是响应鼠标点击事件。

如果是事件类型，连接如图 13–25 所示，可以通过和触发器节点相连控制另一端连接的节点，案例所示就是通过键盘触发相连的节点隐藏。

绑定节点的思想有点类似 Unity 3D 软件的绑定脚本，但它是个独立的逻辑模块，只要它出现在交互编辑器中就意味着即使没有连接任何别的图形它也能够独立运行。使用它来做一些逻辑和流程上的交互会更加简单。

触发脚本和事件脚本主要是为了能与交互编辑器其他的图形相互配合，比较适合用于支持一些旧项目的交互编辑器逻辑。

（4）脚本内置函数的说明：① init 脚本的构造函数，每次进入创建脚本图形或保存脚本时都会执行。② OnGUI 拖入脚本的时候函数会运行，用于设定脚本的图形样式，仅会在 Editor 端执行。注意不要把逻辑写在这个函数中。③ Start 运行模式点击的时候只运行一次，执行在 init 之后。④ Update 运行模式下，每帧都会运行。⑤ OnDestroy 运行模式结束时会执行，主要用于资源构析。这些函数可以灵活组合，设计出自己想要的功能，图 13–26 是脚本程序的流程图。

（5）除了从交互编辑器面板拖入脚本，还可以从资源面板的 Python 文件夹下拖入脚本进行编辑，还可以进行删除，如果拖入脚本没有相应的节点，可以通过日志查看错误的原因，如图 13–27 所示。

三、案例讲解

通过前面的讲解，相信大家对 IdeaVR 的脚本功能有了一个大致的了解，下面就通过几个案例来展开讲解。

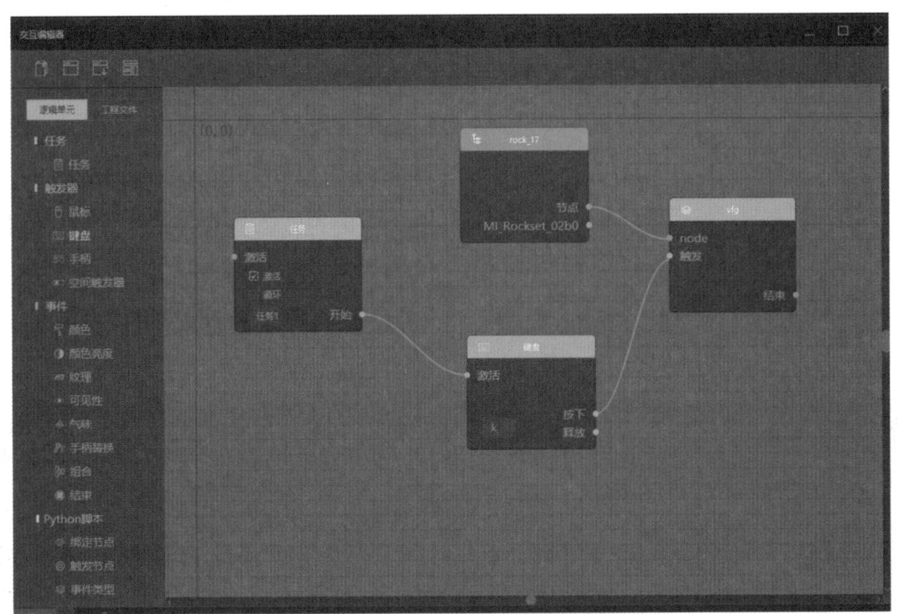

图 13–25　键盘触发交互事件

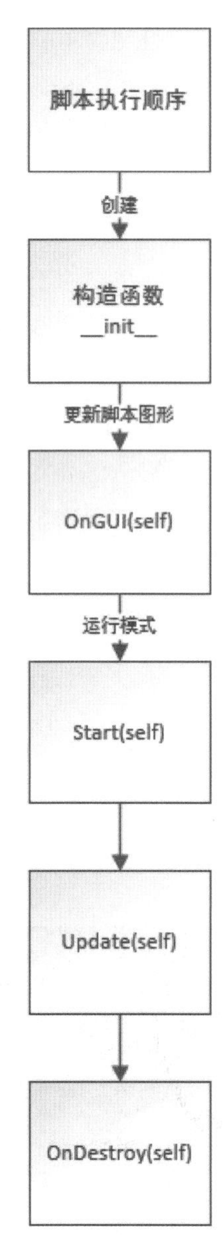

图 13-26　脚本程序流程

1. 绑定节点

绑定节点就是指通过脚本控制场景中的节点，基本的操作流程在上个章节有说明，首先需要在场景的交互编辑器中拖入绑定节点，然后拖入你想要控制的节点。双击脚本图标可以通过绑定的文本编辑器打开代码，我们可以来分析下代码，如图 13-28 所示。

第一行代码 import IVREngine，这个是 IdeaVR 的库，通过这个库我们可以控制场景的节点，制作 UI 界面，控制动画播放，还有一些图形学的数学库，具体的内容可以查看 API 文档。

class teachBindNode 表示声明了一个类，每一个脚本图标都是这个类的实例，这个类定义三个函数，第一个 init（self）是这个类的构造函数，在创建或者拖入图标到交互编辑器中，这个函数会首先执行，self.node=None，这里声明了一个类成员变量 node，表示我们要控制的节点，因为还没有链接场景的节点，所以暂时赋值为 None，因为节点在其他函数体会用到，所以声明为成员变量，IVREngine.setType（IVREngine.ITR_NODE_TYPE.BIND_NODE）调用了 IdeaVR 的库，这个函数就是用来设置脚本图标的类型，这里根据字面意思可以看出这里设置了绑定节点的类型，参数是一个枚举

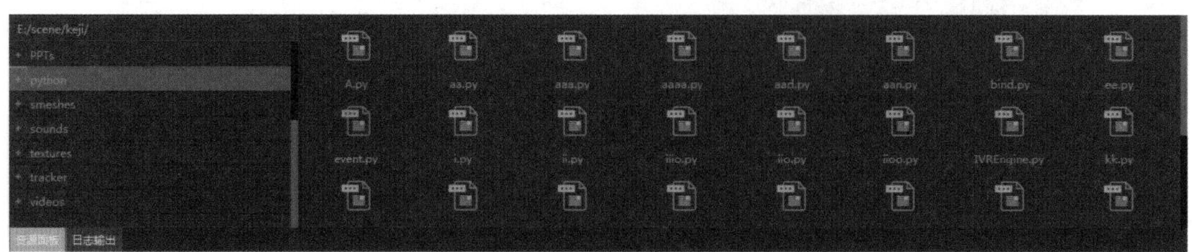

图 13-27　资源面板中的 Python 文件夹

```python
import IVREngine


class teachBindNode:
    def __init__(self):
        self.node = None
        IVREngine.setType(IVREngine.ITR_NODE_TYPE.BIND_NODE)

    def OnGUI(self):
        IVREngine.addSocket(IVREngine.ITR_SOCKET_TYPE.NODE, True, "node")

    def Update(self):
        self.node.setRotateZ(16)
```

图 13-28　绑定节点代码

类型。

第二个函数 OnGUI 主要是设定该脚本图形的端口节点和图形 UI，在这个例子中该函数调用 IVREngine 库中的 addSocket 方法创建了一个 ITR_SOCKET_TYPE.NODE 类型的 socket，通过这个 socket 我们可以和场景中的节点链接起来，第二个参数 True 表示添加的 socket 在节点的坐标，如果是 False 表示在节点的右边。字符串“node”表示成员变量与 self.node 的变量名这两个东西要一样才能实现通信。

第三个函数是 Update 函数，这个是每一帧都会调用，函数体 self.node.setRotateZ（16）表示对链接的节点每一帧都会旋转 16 度。

生成的节点如图 13-29 所示，图中生成了一个 ITR_SOCKET_TYPE.NODE 类型的 socket，并且在图形的左边，并且显示了 Python 变量名 node，在 OnGUI 中可以增加多个 socket。只要按照相同的步骤进行，就可以链接想要被控制的节点，如图 13-30 所示。

然后启动运行模式，就可以实现节点的旋转了。

图 13-29　绑定节点模块

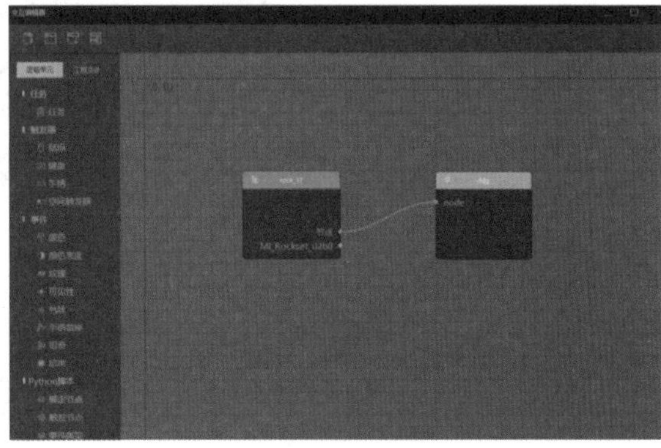
图 13-30　节点连接

```
import IVREngine

class trigger:
    def __init__(self):
        IVREngine.setType(IVREngine.ITR_NODE_TYPE.TRIGGER)

    def Update(self):
        if IVREngine.getMouseButton(0):
```

图 13-31 触发节点代码

2. 触发节点

触发节点可以通过在脚本中设定一些命令，控制它连接的一些图形，下面来讲解。

触发节点的Python代码如图13-31所示，基本和绑定节点类似，只是在构造函数中没有设定成员变量，并且类型节点的类型设置为ITR_SOCKET_TYPE.TRIGGER，设定这个类型就自动增加了两个socket(激活和触发)，如图13-32所示。

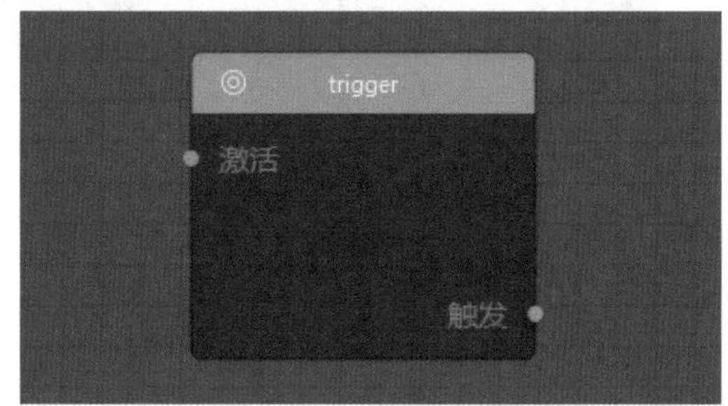

图 13-32 触发节点模块

在Update函数里面，通过一个if语句判定鼠标左键是否被按下（每一帧都会检测），按下了就会执行触发socket链接的交互编辑器节点，图13-33连接的就表示会触发节点隐藏显示那个事件。在代码中当执行到IVREngine.next（）后就会执行该触发连接的下一个事件图形。

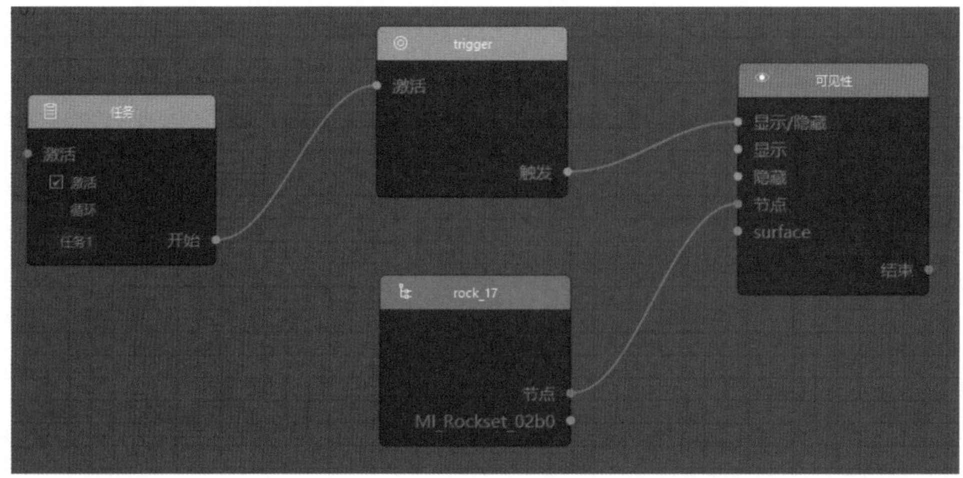

图 13-33 触发节点交互设计

```
import IVREngine

class event:
    def __init__(self):
        self.node = None
        IVREngine.setType(IVREngine.ITR_NODE_TYPE.EVENT)

    def OnGUI(self):
        IVREngine.addSocket(IVREngine.ITR_SOCKET_TYPE.NODE, True, 'node')

    def Update(self):
        self.node.setEnabled(0)
```

图 13-34 事件类型代码

3. 事件类型

事件类型，可以通过和触发器节点相连控制另一端连接的节点，图 13-34 是脚本代码。

这边同样的只是设置的节点类型不同，设置成 ITR_SOCKET_TYPE.EVENT 类型同样会生成特定的 socket，注意 node socket 是通过 addSocket 设定的，如图 13-35 所示。

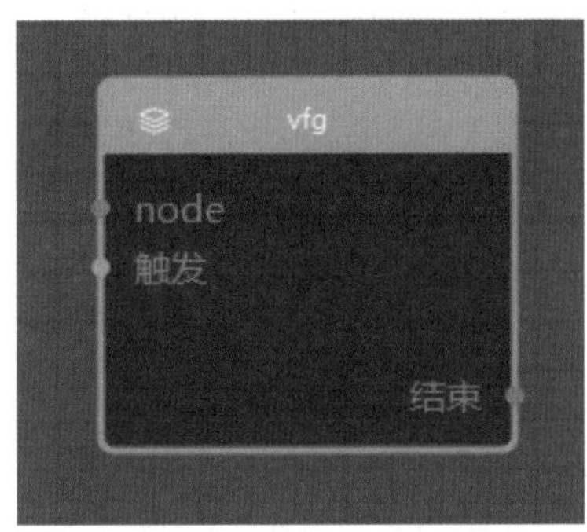

图 13-35 事件类型模块

上一节中的连接线就是通过键盘触发相连的节点隐藏，大家可以试试。这些案例都没有讲解 Start 函数和 OnDestroy 函数。Start 函数主要是一些资源的初始化，OnDestroy 主要是一些资源的释放，在后面案例环节会展示它的流程。

第三节 Python 模板

IdeaVR 提供几种 Python 模板，用户可通过拖动的方式直接使用，也可进入代码中，修改自己需要的图片、文字以及外观。

现在制作完的 Python 脚本模板包括：顺序拆装模板；UI 登陆界面模板；Post 请求模板（数据库密码验证）；Get 请求模板（网络数据爬取）。

一、顺序拆装模板

交互编辑面板中拖动任务节点，系统资源面板中拖动 Python 模板 DisassemblingOP 至交互编辑器中，连接任务开始节点与 DisassemblingOP 激活节点，如图 13-36 所示。

拖动需要顺序拆装的模型交互编辑器，按照顺序依次连接模型节点与 DisassemblingOP 节点，如图 13-37 所示。

拖动定时器节点、新的任务节点，系统资源 Python 模板中的 AssemblingOP、EmptyEventEnd 到交互编辑器中，将 DisassemblingOP 触发节点连接至定时器计时节点，定时器结束节点连接至新任务激活节点，新任

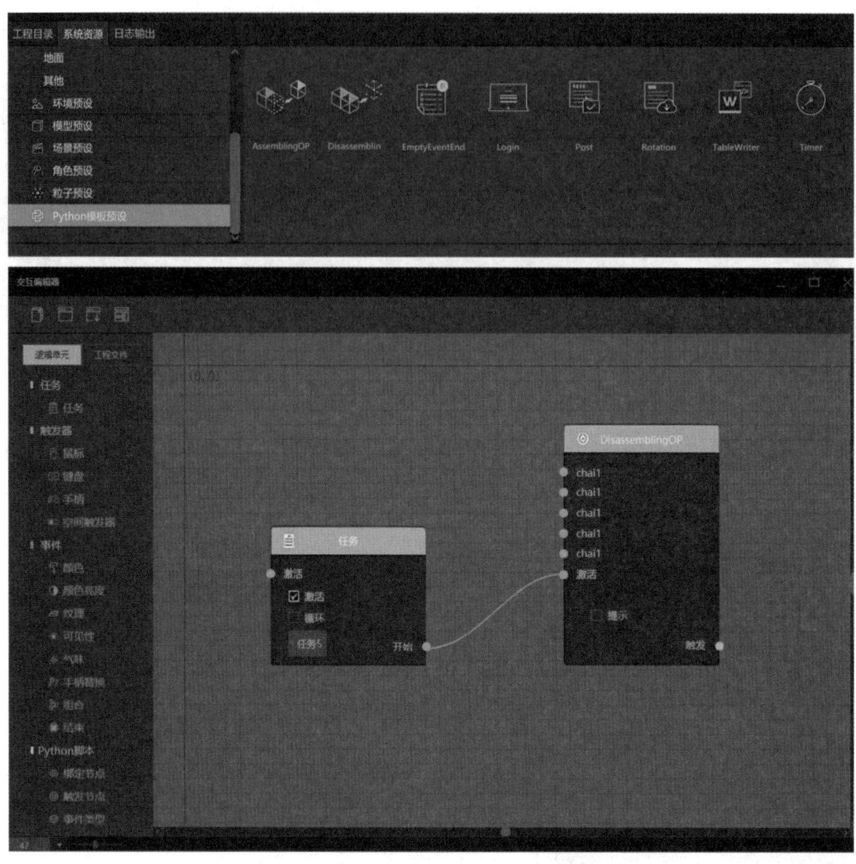

图 13-36　拖动 Python 模板到交互编辑器中

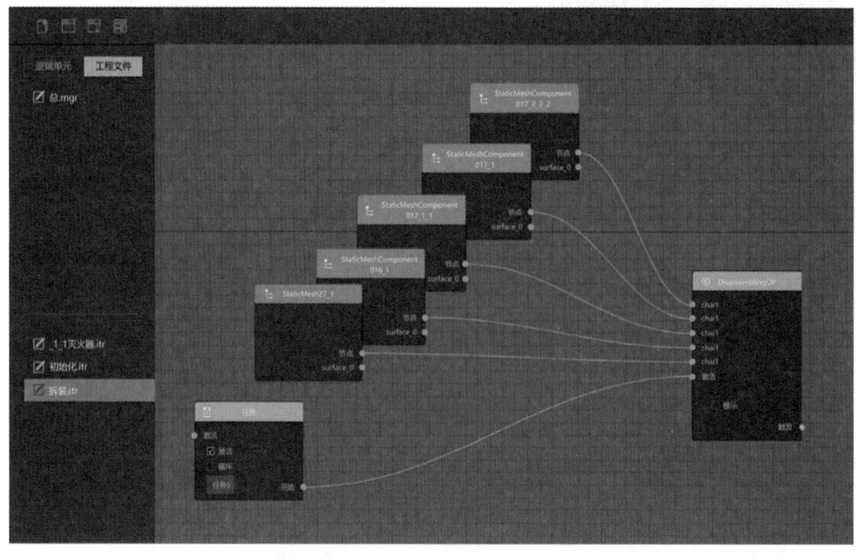

图 13-37　连接后的 DisassemblingOP 节点

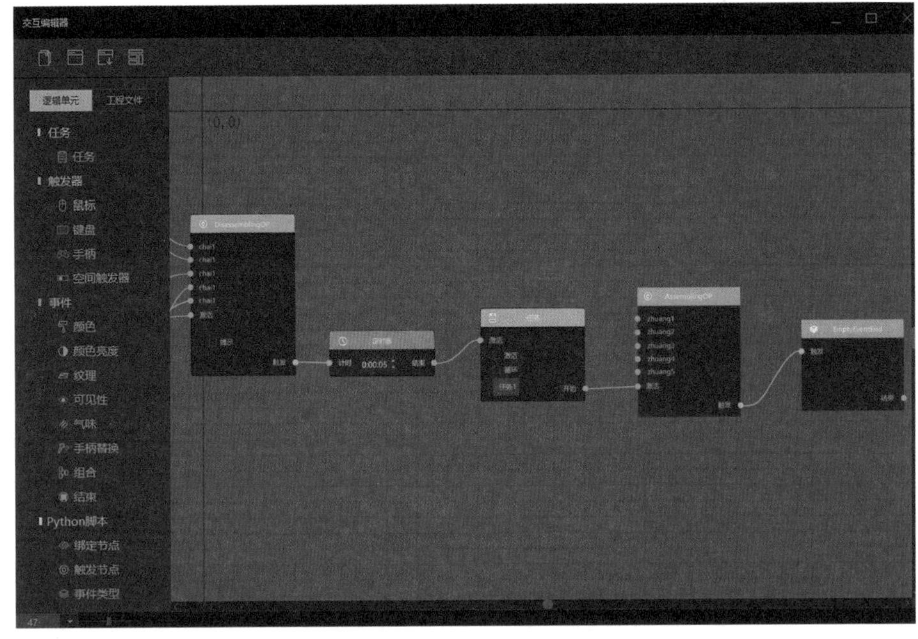

图 13-38　添加额外的节点

务开始节点连接至 AssemblingOP 激活节点，AssemblingOP 触发节点连接至 EmptyEventEnd 触发节点，如图 13-38 所示。

依次拖动上述拆装模型到交互编辑器中，按照顺序依次连接模型节点与 AssemblingOP 节点，如图 13-39 所示。

点击“保存”按钮，将本交互界面保存为 .itr 交互文件。

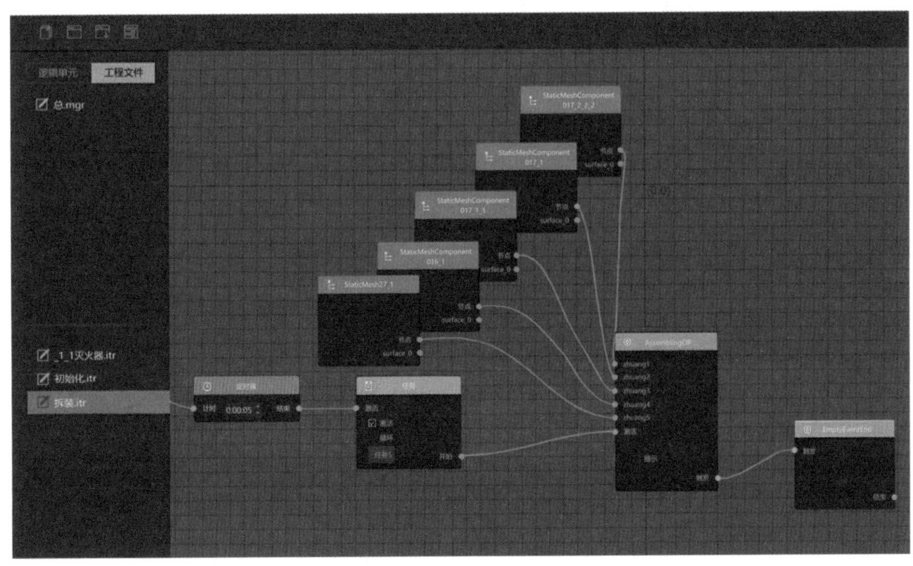

图 13-39　最终节点图

二、UI 登陆界面模板

UI 登陆界面模板普遍使用在用户使用账号密码登陆的界面窗口。用户可只需将此模板拖入交互编辑器便可使用，如图 13-40 所示。

图 13-40　UI 登陆界面

用户名和密码数据保存在本地文件夹中的 username.txt 文件中，以空格分隔用户名和密码数据。通过修改文件内部的数据，可以自定义登录的用户名和密码，如图 13-41 所示。

用 setTexture 接口中的图片来实现更换 UI 图片的效果。图片需储存在本地文件夹内，路径也需要改成对应的路径。

通过修改 SetColor 接口中的 vec4 元组可以实现修改各个 UI 单元的背景颜色，其中前三位为 0~1 的 RGB 颜色数值，最后一位为 0~1 的透明度数值，如图 13-42 所示。

用户可以通过更改 setFontSize 接口中的数据来实现更换字体大小的效果；setFont-Color 用来更换字体颜色；setFont 用来更换字体格式，格式文件请储存在本地文件夹下。setWidth 和 SetHeight 接口分别可以用来设置 UI 单元的长宽；setPosition 接口用来设置 UI 单元在其背景中的坐标位置以实现各种对齐。如图 13-43 所示。

```
self.backGround.setTexture( self.fileDir + '/python/backGround.png')
self.backGround.setColor(IVREngine.vec4(1,1,1,0.45))
```

图 13-41　背景图片设置

```
#用户名栏配置
self.inputUsername= IVREngine.WidgetEditLine(self.gui, '用户名')
self.inputUsername.setCallback(IVREngine.CALLBACK.CLICKED,IVREngine.createWidgetCallback(self.usrNameCallback)) #点击反应
self.inputUsername.setFontSize(int(self.width/69))
self.inputUsername.setFontColor(IVREngine.vec4(0.766,0.766,0.766,1))    #RGB: (196, 196, 196, 1)
self.inputUsername.setFont(self.fileDir + '/python/苹方 REGULAR.TTF')
self.inputUsername.setWidth(int(self.width/3))
self.inputUsername.setHeight(int(self.width/23))
self.inputUsername.setPosition(22, int(self.width/69))
self.inputUsername.setBackground(0)

#用户名栏背景图片
self.userNameParent = IVREngine.WidgetSprite(self.gui)
self.userNameParent.setWidth(int(self.width/3))
self.userNameParent.setHeight(int(self.width/23))
self.userNameParent.setTexture(self.fileDir + '/python/whiteBar.png')
self.userNameParent.setColor(IVREngine.vec4(1,1,1,0.25))
```

图 13-42　字体样式更改

```
#用户名栏的叠加布局
self.usernameLayout = IVREngine.WidgetVBox(self.gui)
self.usernameLayout.addChild(self.userNameParent,IVREngine.ALIGN.ALIGN_BACKGROUND | IVREngine.ALIGN.ALIGN_CENTER)
self.usernameLayout.addChild(self.inputUsername,IVREngine.ALIGN.ALIGN_OVERLAP | IVREngine.ALIGN.ALIGN_LEFT)
```

图 13-43　UI 叠加实现

```
#整体UI布局
self.layout = IVREngine.WidgetVBox(self.gui)
self.layout.addChild(self.title,IVREngine.ALIGN.ALIGN_TOP)
self.layout.addChild(self.space0,IVREngine.ALIGN.ALIGN_TOP)
self.layout.addChild(self.loginTitle,IVREngine.ALIGN.ALIGN_TOP)
self.layout.addChild(self.tips,IVREngine.ALIGN.ALIGN_TOP)
self.layout.addChild(self.usernameLayout,IVREngine.ALIGN.ALIGN_TOP )
self.layout.addChild(self.space1,IVREngine.ALIGN.ALIGN_TOP)
self.layout.addChild(self.passwordLayout,IVREngine.ALIGN.ALIGN_TOP)
self.layout.addChild(self.space2,IVREngine.ALIGN.ALIGN_TOP)
self.layout.addChild(self.loginLayout,IVREngine.ALIGN.ALIGN_TOP)
```

图 13-44　布局接口的使用

```
#登陆按钮点击反应
def loginCallback(self):
    self.tips.setText('')
    usr = self.inputUsername.getText()
    if usr != None:
        if  usr in self.usrPassword.keys() and self.usrPassword[usr] == self.inputPassword.getText():
            del self.backGround
            del self.layout
            return
    self.tips.setText('用户名或密码错误!')
```

图 13-45　密码验证

用户可以通过如图 13-44 所示的格式实现各个 UI 单元相互叠加的效果，其中设置为 ALIGN_BACKGROUND 的 UI 单元为背景，ALIGN_OVERLAP 的 UI 单元为需要被叠加上去的内容。WidgetVBox 和 WidgetHBox 分别为 IdeaVR UI 制作中的竖直对齐框和横向对齐框，使用这两个 UI 框架并添加各个 UI 单元作为其子 UI，可以实现竖直或横向的对齐效果。

通过更改 tips.setText 中的字符串内容，可以更改用户名密码输入错误时的提示信息，如图 13-45 所示。

三、Post 请求模板（数据库密码验证）

此模板是用来在实现通过 Python 脚本向网络服务器 / 数据库发送 Post 请求并读取返回的 json 内容来验证用户名密码是否输入正确，如图 13-46 所示。

图 13-46　Post 请求模板

用户可以通过更改 requests.post 后的 Url 来实现修改所需验证的服务器 / 数据库路径。更改 params 和 headers 内的内容来修改 post 请求中的变量参数和头内容，如图 13-47 所示。

四、Get 请求模板（网络数据爬取）

此模板是用来实现通过 Python 脚本爬

```python
#登录按钮点击反应
def loginCallback(self):
    params = {'user': self.inputUsername.getText(), 'pass': self.inputPassword.getText(), 'mac': '40-E2-30-AC-C5-0D'}
    headers=  {'Accept': 'application/v1+json', 'type': 'ideavr'}
    r = requests.post('http://www.ideavr.top/ideavr/public/index.php/api/index/index', params = params, headers = headers)
    r_dict = ast.literal_eval(r.text)
    if r_dict['msg'] == 'success':
        del self.backGround
        del self.layout
        return
    self.tips.setText('用户名或密码错误！')
```

图 13–47　Post 请求实现

取网络上的数据内容的效果，如图 13–48 所示。

此模板使用了一个仪表盘的指针旋转来表示其读取到的随机变动数据，这个会随着时间随机变动的数据储存在 http://140.207.154.14:9010/dev/index.php 中，此脚本使用 Python 的 beautifulsoup 所提供的接口实现对网页内容的爬取。

图 13–48　Get 请求模板

通过更改 requests.get 后的 url 地址可以实现对不同网站的爬取。通过 soup.find 接口来找到你想爬取的数据段。

用户可以通过开启 Chrome 中的 inspect 功能来查看所需爬取的字节段并通过适当筛选来找到最终需要的数据，如图 13–49 所示。

```
>>> str_tuple = '(1, 2, 3)'
>>> chg_tuple = eval(str_tuple)
>>> str_tuple; chg_tuple
'(1, 2, 3)'
(1, 2, 3)
>>> type(str_tuple); type(chg_tuple)
<type 'str'>
<type 'tuple'>
```

```
>>> str_dict = "{'name': 'Jerry'}"
>>> chg_dict = eval(str_dict)
>>> str_dict; chg_dict
"{'name': 'Jerry'}"
{'name': 'Jerry'}
>>> type(str_dict); type(chg_dict)
<type 'str'>
<type 'dict'>
```

以实现从元祖，列表，字典型的字符串到元祖，列表，字典的转换，此外，eval

比如，她会将'1+1'的计算串直接计算出结果。

```
>>> value = eval(raw_inp
Please input a value str
>>> value
```

```
<body class="site-home" id="LAY_home" style="background-color: rg
  <div class="layui-header header header-index">…</div>
  <div class="layui-main" style=" margin-top: 20px;">
    <div class="layui-row php-article">
      ::before
      <div class="layui-col-md8 article-list-left">
        <div class="profile">…</div>
        <a href="/k.html" target="_blank" rel="nofollow">…</a>
        <div class="detail-content-wrap">
          <div class="content">
            "
            eval函数在Python中做数据类型的转换还
            成它本身或者是能够转化成的数据类型。那么eval和ast.literal_
            绍关于Python中函数eval和ast.literal_eval区别的相关资料，
            <p></p>
            <p>…</p>
            <p>…</p>
            <p>…</p>
            <p style="text-align: center">…</p>
            <p>…</p>
            <p style="text-align: center">…</p> == $0
            <p>…</p>
            <p style="text-align: center">…</p>
            <p>…</p>
            <p style="text-align: center">…</p>
            <p>…</p>
            <p>…</p>
html  #LAY_home  div  div  div.layui-col-md8.article-list-left  div.detail-conten
Console  What's New ×
Highlights from the Chrome 75 update
Meaningful preset values when autocompleting CSS functions
```

图 13–49　通过 Inspect 爬取内容

第十四章
场景优化介绍

本次更新的版本中，增加了场景优化计算来提升引擎的渲染性能。在已经搭建好的场景中，在没有优化前渲染这些静态模型需要耗费大量的计算机资源。但是通过一系列的优化处理，比如在遮挡剔除模块、SSAO场景、AO贴图等，就可以极大地节省计算机资源，提高软件的渲染效率。

第一节　遮挡剔除模块

遮挡剔除是三维图形渲染中常用的性能加速策略，它通过将遮挡体后面不可见的物体直接不进行更新和绘制操作，进而提升引擎的渲染效率。IdeaVR引擎支持多种类型的遮挡体，如“遮挡物体”“遮挡剔除”“区域剔除”“入口剔除”，如图14-1所示。

一、遮挡剔除的应用

启动IdeaVR应用程序，通过菜单打开创建—遮挡剔除，创建出一个遮挡体。遮挡剔除能够对大场景进行性能优化，实现场景渲染提升。

1. 遮挡剔除的类型

1）遮挡物体

遮挡物体是指创建出一个指定物体形状的遮挡体，它是根据所选中模型的三角网格

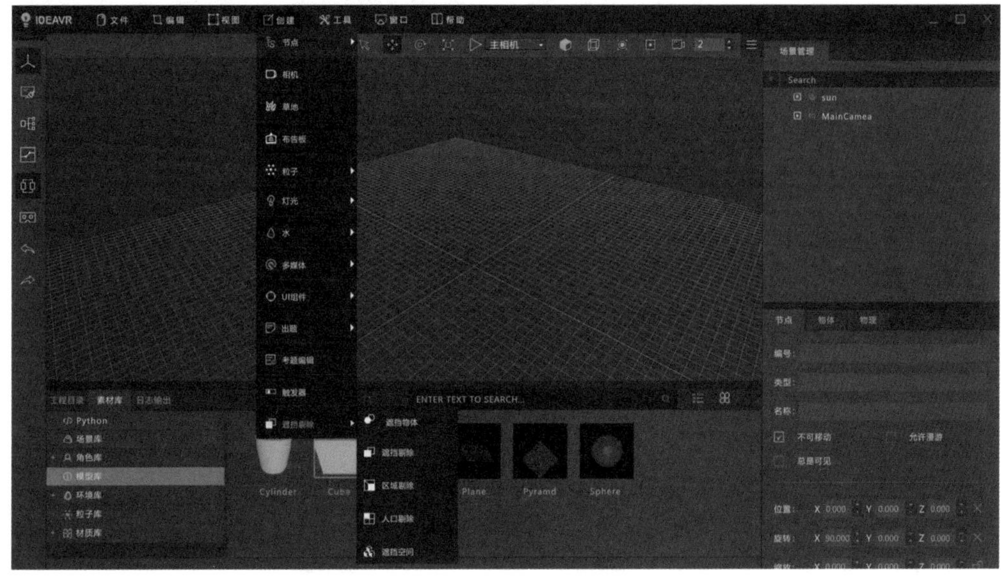

图14-1　创建遮挡剔除

生成的遮挡体，这种类型的遮挡体优势是可以创建自定义形状的遮挡体，保证视觉效果和遮挡效率。当其他物体被此遮挡体遮挡住时不可见，常用于门、墙体等封闭式建筑框架，使得在未进入封闭区域时，不渲染此区域内的物体，由此提高场景性能。

选择场景中某一节点—创建—遮挡剔除—遮挡物体，在所选择的节点下创建出一个遮挡体子节点。节点树目录如图 14–2、图 14–3 所示，子节点即新创建的遮挡体。

2）遮挡剔除

遮挡剔除是指当一个物体被其他物体遮挡住而相对当前相机不可见时，可以不对其进行渲染。

创建—遮挡剔除—遮挡剔除，创建出一个红色遮挡体。将红色遮挡体移动位置摆放到摆件的前方，通过调整遮挡体大小（节点缩放旋转），找到合适的角度，摆件即不进

图 14–2　遮挡前

图 14–3　遮挡后

图 14-4 遮挡前

图 14-5 遮挡后

行渲染。帧率从 94 提升至 134，如图 14-4、图 14-5 所示。

注意：此遮挡体只能从特定角度遮挡物体，若需要全面进行遮挡，请使用区域剔除。

3）区域剔除

区域剔除是指不渲染划分区域范围外的物体，而被其他物体挡住，依旧在区域内的物体仍会被渲染。

创建—遮挡剔除—区域剔除，创建出一个蓝色遮挡体。将蓝色遮挡体移动位置到茶几位置，通过调整遮挡体大小（节点缩放旋转），将整个茶几完全包围在遮挡体内。

相机在遮挡体外时，区域内的物体即不进行渲染，当相机到区域内后，物体进行渲染，区域外即不渲染。帧率从 94 提升至 110，如图 14-6 至图 14-8 所示。

图 14-6　遮挡前

图 14-7　遮挡后

图 14-8　相机进入区域后

4）入口剔除

入口剔除是指在区域剔除的基础上，在区域范围边界创建一个入口，相机处于入口视角范围内时，区域内的物体被渲染。

创建—遮挡剔除—入口剔除，创建出一个黄色遮挡体。将黄色遮挡体移动位置到区域剔除区域边缘，调整黄色遮挡体大小（节点缩放旋转）。注意：黄色遮挡体要比蓝色遮挡体范围小。

相机在蓝色遮挡体外时，可以透过黄色区域看见被遮挡的物体，变换不同的角度，可从不同方向查看蓝色区域内物体。当相机到区域内后，透过黄色区域可以查看蓝色区域外物体，不在可视范围内的即不渲染。入口剔除多用于多个遮挡体连接处，如图 14–9 至图 14–11 所示。

2. 遮挡剔除的功能优势

当使用遮挡剔除时，会在渲染对象被渲

图 14–9　入口剔除角度一

图 14–10　入口剔除角度二

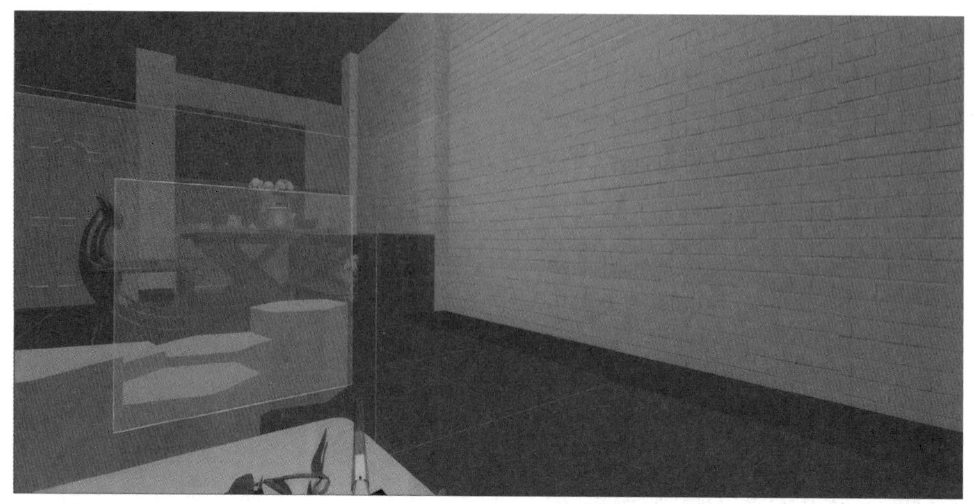

图 14–11 区域剔除内部视角

图 14–12 遮挡前

染之前，将因为被遮挡而不会被看见的隐藏面或者隐藏对象进行剔除，从而减少了每帧的渲染数据量，提高了渲染性能。在遮挡密集场景中，性能提升会更加明显。四种剔除配合使用，可以完成大场景之间的替换、转场等效果。

图 14–12 所示为正常编辑完成的场景，使用遮挡剔除功能，可以完成对场景中部分物体的遮挡，提升渲染帧率，保证视觉体验效果。

首先创建出遮挡剔除，在场景某个位置创建出一个遮挡体，通过修改遮挡体的大小位置，放置在需要遮挡的物体前方，如图 14–13 所示；

其次创建出区域剔除，将书桌上的物体包围在区域中，如图 14–14 所示；

添加两个遮挡体后，帧率明显提升，从当前角度查看场景，可以看到书柜和书桌上的物体都被隐藏，如图 14–15 所示；

切换不同的角度可以查看不同视角的场景，剔除不必要的物体。

图 14-13　放置遮挡物

图 14-14　创建剔除区

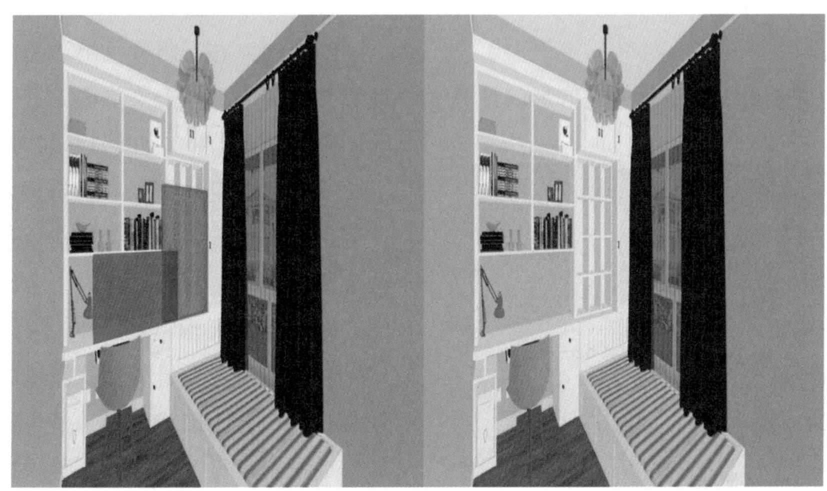

图 14-15　效果对比

二、遮挡预计算

在本次更新的版本中，增加了遮挡预计算来提升引擎的渲染性能。在已经搭建好的场景中，利用视椎体剔除后，还会有很多静态模型处于视椎体内，渲染这些静态模型需要耗费大量的计算机资源。但是这些处于视椎体内的静态模型也并非都是可见的，对于这些不可见的静态模型，我们如果能根据当前视角判断出它们不可见，然后将它们剔除出需要渲染的模型集合，这样就可以极大地节省计算机资源，提高软件的渲染效率。

1. 创建遮挡空间

在IdeaVR主界面上方菜单栏的工具菜单中，选择“创建”下的“遮挡剔除”，在弹出的选项中选择“遮挡空间”，在节点树上将会新增一个名为“OcclusionCullingSpace”的遮挡空间节点，选中该节点，在属性面板中将会新增一个“遮挡空间”标签，选中该标签，即可看到遮挡空间的属性，如图14-16所示。

其中，尺寸信息反映了该遮挡空间的长、宽、高。

遮挡空间是由一个个小的立方形的计算体组成，个数表示在长、宽、高的方向上排布的计算体的个数。计算体越多，预计算的精度越高，后期对于场景模型属性修改花费的时间较少，但是预计算的时间会越多；计算体越少，预计算精度降低，后期需要花费较多的时间去设置由于精度问题导致物体可见性错误的问题，但是预计算时间会减少。

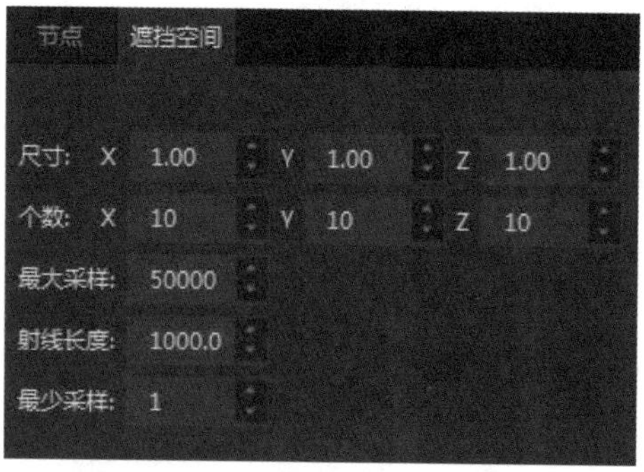

节点　遮挡空间

尺寸: X 1.00　Y 1.00　Z 1.00
个数: X 10　Y 10　Z 10
最大采样: 50000
射线长度: 1000.0
最少采样: 1

图 14-16　遮挡空间属性示意图

“最大采样”：每个计算体最多发射的采样射线。增加最大采样可能导致预计算时间增加。

“射线长度”：采样射线的长度。采样射线越长，最远可见物体的距离越远，同时也可能导致预计算时间稍稍变长。

“最少采样”：单个模型被视为可见时最少需要被采样到的次数。最少采样次数越多，会导致一些比较小的模型的可见性错误，建议设置为1。

2. 预计算基本操作

遮挡空间可以像普通模型一样进行平移的操作，但是不能进行旋转或者缩放。在需要进行优化的空间中放入遮挡空间，并调整其至合适大小。蓝色的半透明立方体是遮挡空间的范围，右下角黄色半透明体代表每个计算体的大小。点击菜单栏工具—遮挡预计算，开始进行计算，如图14-17所示。

多个遮挡空间可以进行拼接，尽量不要使遮挡空间重叠，这样会浪费计算时间，当两个遮挡空间的顶点对齐时，会出现绿色小圆点提示，如图14-18所示。

在场景进行预计算后，浏览场景时会发现有些模型在当前视角应该是可见的，但是却变成了不可见的物体。这是采样的精度造成，在预计算的时候可能由于这些模型比较

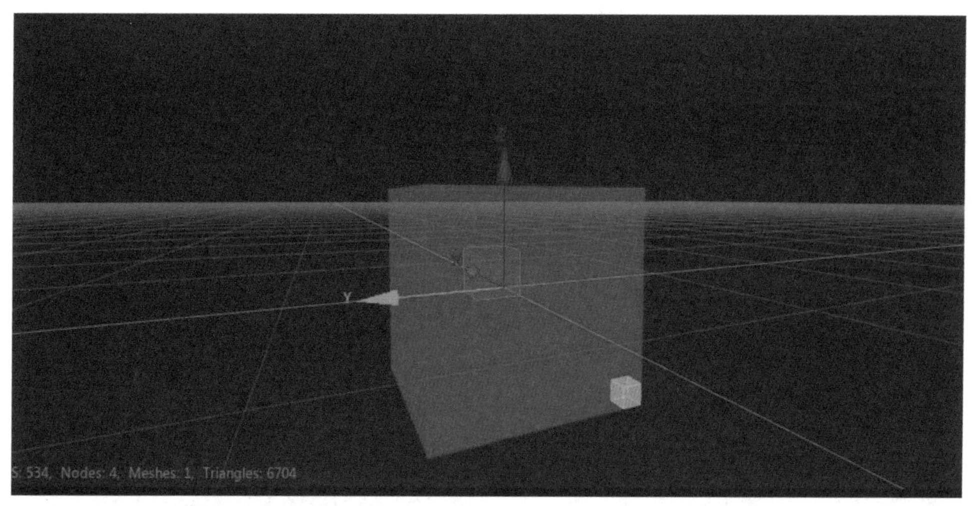

图 14–17　裁剪空间上的操作器

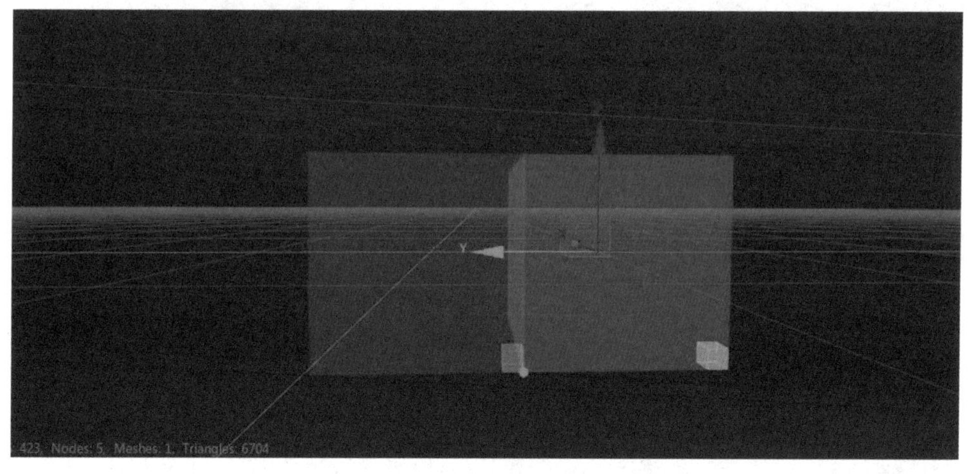

图 14–18　裁剪空间的叠加操作示意图

小，没有被采样到，导致了可见性的错误。对于这样的物体需要在属性栏勾选“总是可见”，这样可以解决采样精度导致可见性错误的问题。

最后需要强调的是，预计算的遮挡剔除对于静态的模型是有效的，如果场景中有移动的物体（比如动画的节点）同时也想使用预计算进行优化，那么需要将这些移动的物体都设置成“总是可见”。

第二节　SSAO 场景优化

IdeaVR 提供 SSAO 计算方式，开启后能够增加引擎计算模型与模型之间的关系，从而产生叠加的阴影效果。目前 SSAO 的效果会保存在用户场景中，保证效果一致性。

打开“工具”—“设置”—“窗口设置”，开启 SSAO，如图 14–19 至图 14–20 所示。

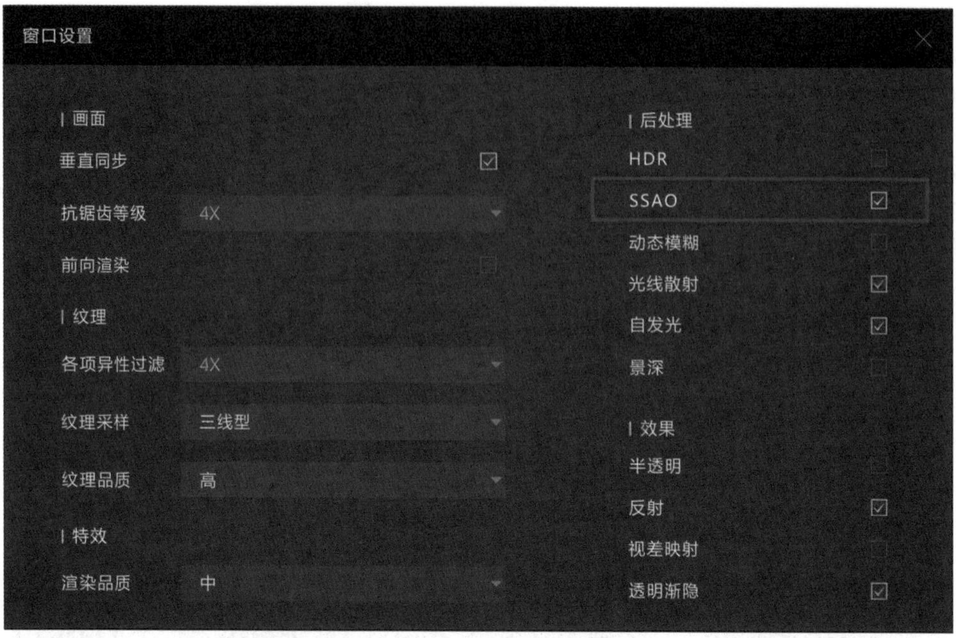

图 14-19 窗口设置

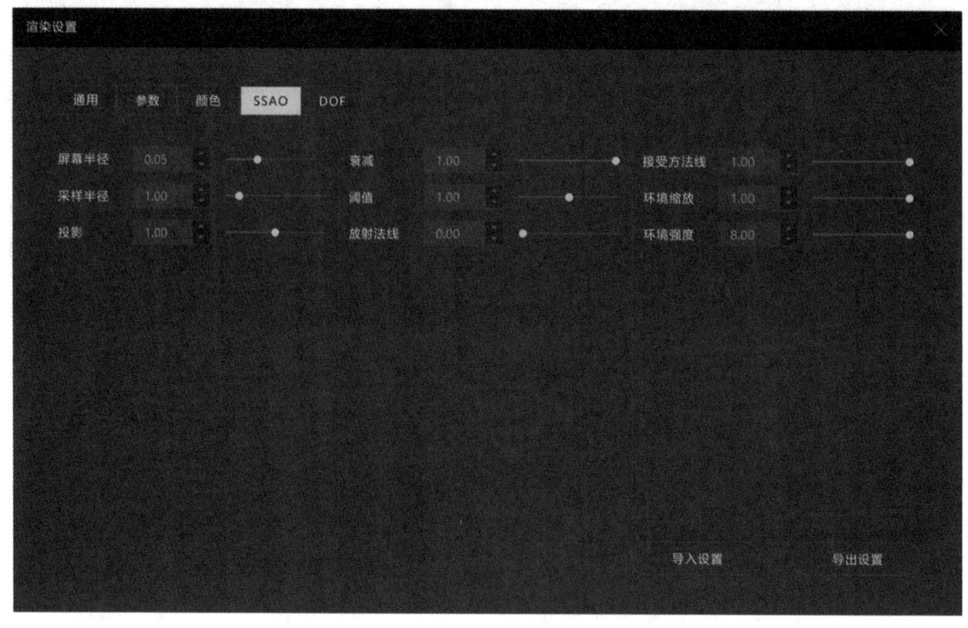

图 14-20 SSAO 设置

开启 SSAO 后，打开“工具”—“设置”—“渲染设置”，打开 SSAO 参数调节面板，可调节各属性参数。

图 14-21、图 14-22 是环境强度 4.0 情况下，不同衰减数值下的场景效果，图 14-21 衰减值为 0.04，图 14-22 衰减值为 1.0。

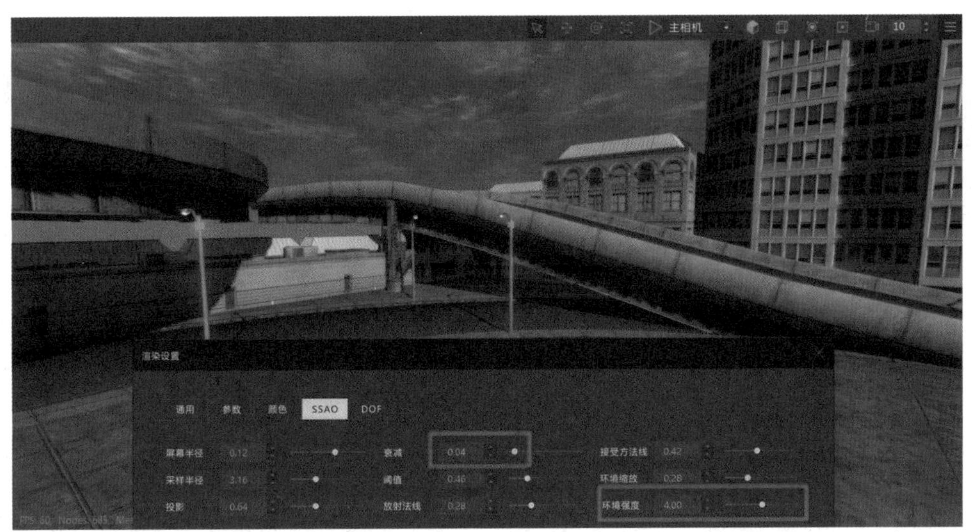

图 14–21　调节衰减和环境强度

图 14–22　调节衰减和环境强度

第三节　AO 贴图优化

IdeaVR 提供了针对单个模型的外部 AO 贴图支持，能大幅度提高单个模型的光影效果，具体操作如图 14–23、图 14–24 所示。

首先将外部模型通过导入模型或者直接拖动导入场景中，接着选中节点后打开“物体”属性面板，单击点开“烘焙”属性，勾选“烘焙光”选项。

点击“烘焙图”的文件夹按钮，导入外部烘焙的 AO 贴图，即可看到烘焙贴图的效果。

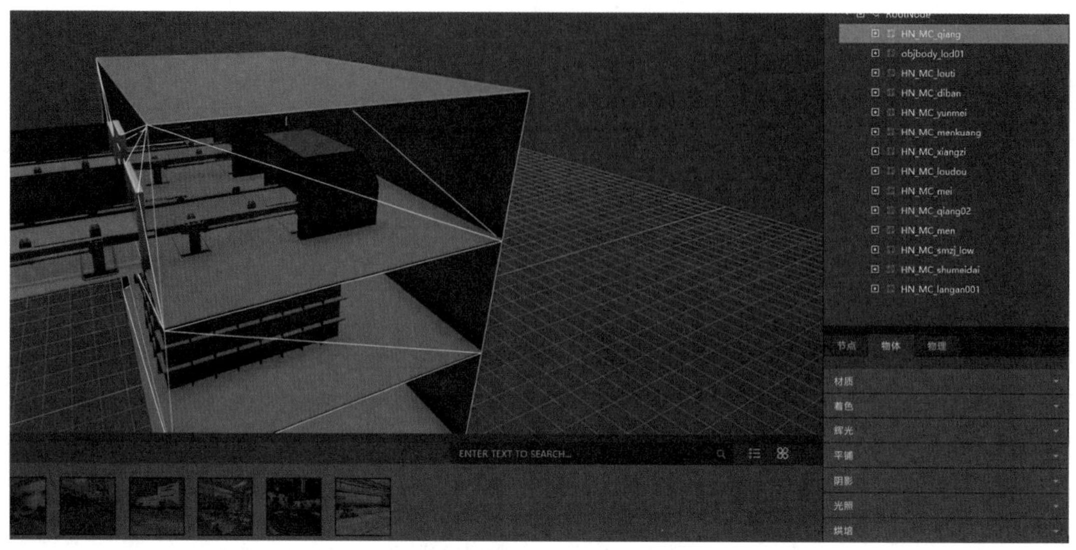

图 14-23 勾选“烘焙光”选项

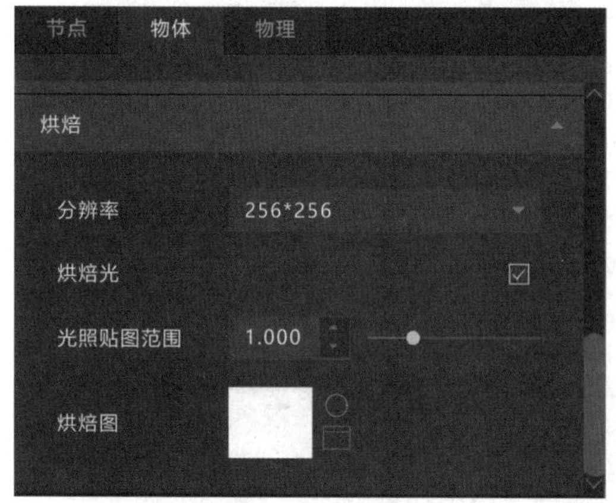

图 14-24 导入外部烘焙的 AO 贴图

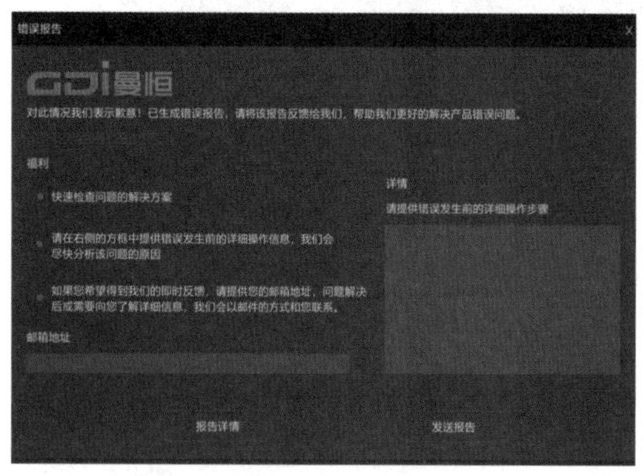

图 14-25 崩溃报告的页面

第四节 崩溃报告

为了能及时响应客户遇到的软件崩溃问题，IdeaVR 提供了崩溃报告机制。该机制主要用于收集 IdeaVR 崩溃时软件的运行堆栈信息，不包含任何用户个人信息。崩溃报告的内容包含两个部分，即 IdeaVR 运行日志和 IdeaVR 崩溃时运行堆栈信息。用户也可以提供崩溃发生时用户的操作步骤，这将大大加快崩溃修复的效率。同时 IdeaVR 将根据用户提供的邮箱信息，第一时间将崩溃解决方案告知用户。

当 IdeaVR 崩溃时，首先弹出崩溃报告的页面，如图 14-25 所示。

单击蓝色的“了解更多详细问题解决方案”，浏览器将自动打开，用户可以在邮箱地址下方的文本框中填写邮箱地址，在右侧的详情的文本框中用户可记录 IdeaVR 崩溃时用户的操作步骤，点击“发送报告”，崩溃报告将自动发送到曼恒公司 IdeaVR 专门的邮箱，发送成功后，IdeaVR 将自动关闭。点击“报告详情”按钮，可以查看崩溃报告包含的具体文件信息，如图 14–26 所示。

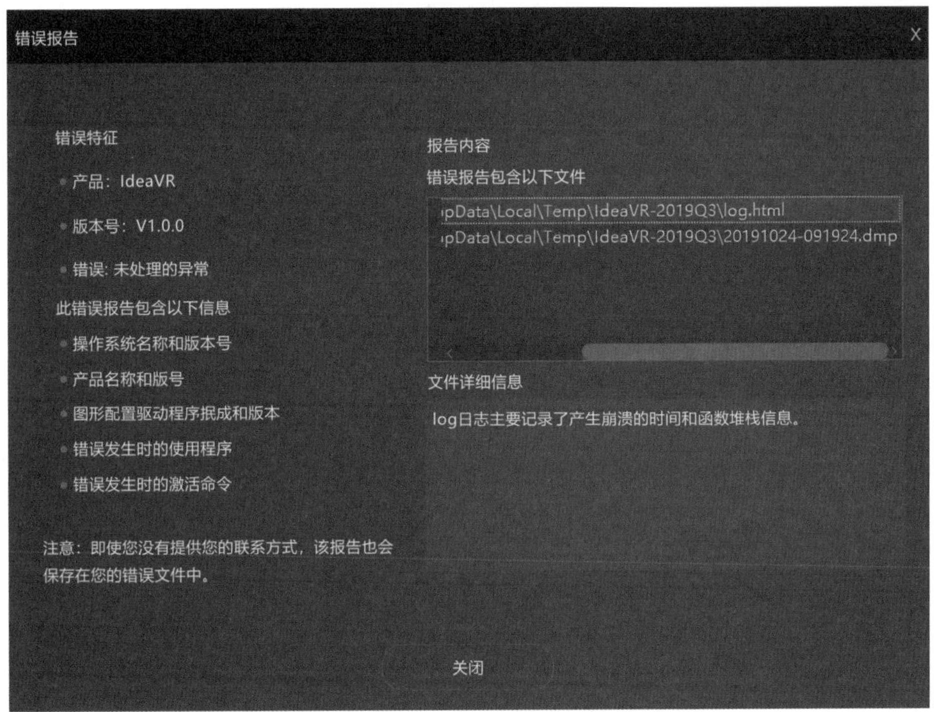

图 14–26　错误报告的页面

参考文献

[1] 刘甜甜，朱瑞富，周清会．虚拟现实引擎 IdeaVR 创世：零基础快速入门［M］．济南：山东大学出版社，2019.

[2] 邵伟．Unity2017 虚拟现实开发标准教程［M］．北京：中国工信出版集团，人民邮电出版社，2019.

[3] 何伟．Unity 虚拟现实开发圣典［M］．北京：中国铁道出版社，2016.

[4] 胡良云．HTC Vive VR 游戏开发实战［M］．北京：清华大学出版社，2017.

[5] 邵伟，李晔．Unity VR 虚拟现实完全自学教程［M］．北京：电子工业出版社，2019.

[6] 范丽亚，张克发，马介渊，等．AR/VR 技术与应用：基于 Unity 3D/ARKit/ARCore（微课视频版）［M］．北京：清华大学出版社，2020.

[7] 埃琳・潘希利南，史蒂夫・卢卡斯，瓦桑斯・莫汉．下一代空间计算：AR 与 VR 创新理论与实践［M］．柯灵杰，赵桢阳，戴威，等，译．北京：电子工业出版社，2020.

[8] 王寒，张义红，王少笛．Unity AR/VR 开发：实战高手训练营［M］．北京：机械工业出版社，2021.

[9] 张尧．Unity 3D：从入门到实战［M］．北京：中国水利水电出版社，2022.

[10] 李婷婷．Unity VR：虚拟现实游戏开发［M］．北京：清华大学出版社，2021.

[11] 吴亚峰，于复兴．VR 与 AR 开发高级教程：基于 Unity［M］．2 版．北京：人民邮电出版社，2020.

[12] 威凤教育．数字媒体交互设计（高级）：VR/AR 产品交互设计方法与案例［M］．北京：人民邮电出版社，2021.

[13] 韩伟．虚拟现实技术：VR 全景实拍基础教程［M］．北京：中国传媒大学出版社，2019.

[14] 杜颖．VR+ 教育：可视化学习的未来［M］．北京：清华大学出版社，2017.

[15] 姚亮．虚幻引擎 UE4 技术基础［M］．2 版．北京：电子工业出版社，2021.

[16] 易盛．虚拟现实：沉浸于 VR 梦境［M］．北京：清华大学出版社，2019.

[17] 查尔斯・帕尔默，约翰・威廉姆森．虚拟现实开发实战：创造引人入胜的 VR 体验［M］．谢永兴，译．北京：机械工业出版社，2021.

[18] 郭艳民，张宁．视听媒体虚拟现实内容创作研究［M］．北京：电子工业出版社，2022.

[19] 冈岛二人．克莱因壶［M］．张舟，译．北京：化学工业出版社，2019.

[20] 王鸿宾．元宇宙的逻辑［M］．香港：中国文化交流出版社，2022.

[21] 王彦霞．VR 策划与编导［M］．北京：电子工业出版社，2021.

[22] 关守平，谭树彬．云控制与工业 VR 技术［M］．北京：机械工业出版社，2021.

[23] 新清士. VR 大冲击：虚拟现实引领未来 [M]. 张菡，译. 北京：北京时代华文书局，2017.
[24] 李万军. 用户体验设计 [M]. 北京：人民邮电出版社，2017.
[25] 杰里米·拜伦森. 超现实 [M]. 汤璇，周洋，译. 北京：中信出版集团，2020.
[26] 王赓. VR 虚拟现实：重构用户体验与商业新生态 [M]. 北京：人民邮电出版社，2016.
[27] 钟正. VR/AR 技术基础 [M]. 北京：高等教育出版社，2018.
[28] 薛志荣. 前瞻交互：从语音、手势设计到多模融合 [M]. 北京：电子工业出版社，2022.
[29] 马岩松. 元宇宙未来应用 [M]. 北京：中华工商联合出版社，2022.
[30] 鲍劲松，武殿梁，杨旭波. 基于 VR/AR 的智能制造技术 [M]. 武汉：华中科技大学出版社，2020.
[31] 向春宇. VR、AR 与 MR 项目开发实战 [M]. 北京：清华大学出版社，2018.
[32] 徐淼. 一本书读懂元宇宙 [M]. 北京：中华工商联合出版社，2022.
[33] 金玺曾. Unity 3D/2D 手机游戏开发：从学习到产品 [M]. 4 版. 北京：清华大学出版社，2019.
[34] 刘瑜，车紫辉，顾明臣，等. 算法之美：Python 语言实现 [M]. 北京：中国水利水电出版社，2020.
[35] 马克·卢茨. Python 学习手册 [M]. 3 版. 侯靖，译. 北京：机械工业出版社，2009.
[36] 李刚. 疯狂 Python 讲义 [M]. 北京：电子工业出版社，2019.